對決細菌、病毒

Humans vs Bacteria & Viruses

王哲 著

目錄

細菌 008

病毒 174

預防感染新型冠狀病毒小貼士 278

細菌

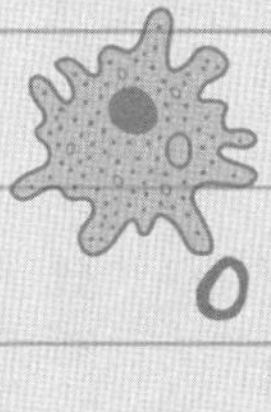

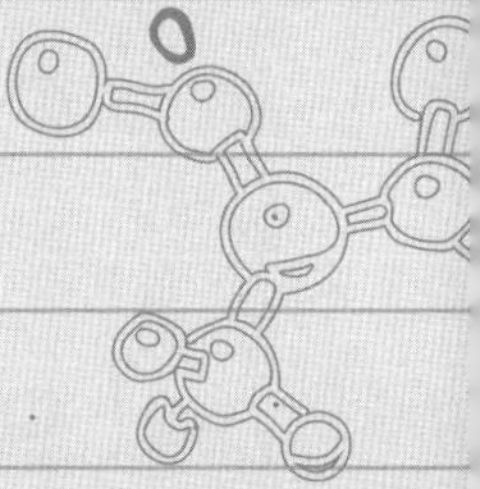

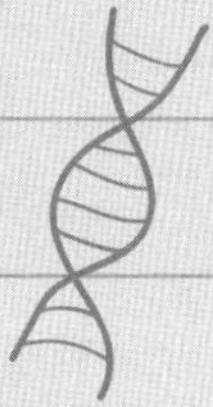

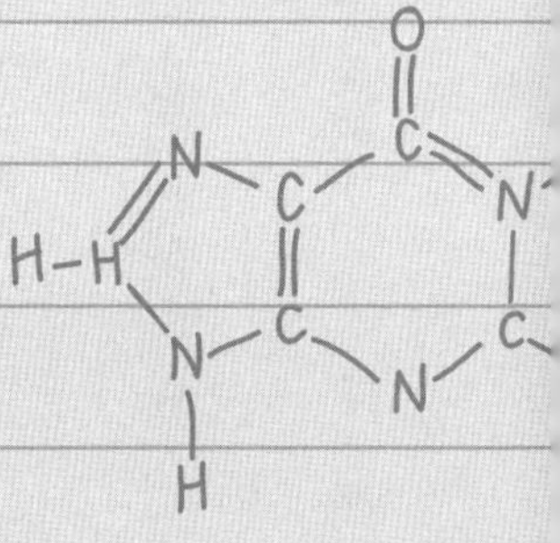

細菌

突破了一個局限

一六七六年，荷蘭，代爾夫特（Delft）。

水道縱橫的代爾夫特位於鹿特丹和海牙之間，是荷蘭沿海的重要貿易中心之一，也是荷蘭東印度公司的六大據點之一。十七世紀初，東印度公司在代爾夫特開始大量仿製青花瓷，逐漸以「代爾夫特藍」享譽歐洲，代爾夫特也被稱為「歐洲的瓷都」。

代爾夫特城裡的大多數商人和手藝人都在為瓷器而忙碌著，但四十四歲的李文虎克（Antoni van Leeuwenhoek）先生還是依舊幹他布商的老本行，不管生意好壞，他的布店按時開門按時關門。如果沒有客人的話，李文虎克便坐在桌子旁邊，專心致志地研究一種古怪的東西。

此時，他又拿著那種奇怪的東西在陽光下聚精會神地看著。

在外人眼中，這個裝著玻璃鏡片，帶有長柄的東西，是一個魔鏡，它能夠把物體放大兩百七十五倍。此刻，李文虎克在用它看一滴雨水。

水滴肉眼看上去是那麼的清澈，李文虎克拿著這把魔鏡仔細地看那滴純淨的水，突然間興奮起來，因為他在水中看到了很多很多微細小的生命。

李文虎克看到的是細菌，這是人類第一次藉助顯微鏡，用肉眼看到微生物世界。李文虎克因此而聲名大噪，歐洲上自王公貴族，下至平民百姓，很快就知道代爾夫特有一位科學大師。歐洲各地的知名人士不辭辛苦大老遠地奔向這裡，為的就是見李文虎克一面。這些人包括笛卡兒、斯賓諾莎、萊布尼茨、克里斯多夫·霍恩。不僅這些名人成了李文虎克的粉絲，王室中人也不例外，來到代爾夫特拜訪李文虎克的有列支敦士登親王、瑪麗女王，西班牙國王卡洛斯二世也打算前來，可惜被一場風暴擋住了。

人們對代爾夫特這位布商如此推崇，是因為他讓人類突破了一個局限，就是視力的局限。視力讓我們能夠看到周圍五顏六色的世界，看到安全和危險；視力也讓我們有了一種主觀印象，覺得世界就是我們肉眼能夠看到的一切。李文虎克讓我們意識到這個世界絕不僅僅是這樣，它還包括了另外一個我們肉眼不能看見的微觀世界。微觀世界中生活著各種微生物，細菌和病毒是其中的兩個大類。微生物的數量要比人類或者其他動物的數量多多了。舉一個例子，一小罐活性優酪乳裡面的乳酸菌可以達到兩百億個，而地球上人類的總數只不過七十億而已。微生物不僅數量多，它的種類也比宏觀世界中動植物的種類多很多很多倍。

從存在的時間上看，細菌從地球上有生命出現時就存在了，也就是說，它們出現在地球的年輕時代。

寄生的本質

年輕人朝氣蓬勃，身體的各項機能都處於最旺盛的階段，通常不會出現慢性疾病。進入中年後，身體的機能就處於漸漸衰退之中，新陳代謝開始遲緩，慢性病的症狀就開始出現了，身體也容易生病。人是這樣，地球也是這樣。

細菌對於地球來說不僅是無害的，而且是必不可少的。地球的生態環境是靠細菌來維持的，大量的細菌通過非常快速的繁殖，幫助自然界完成了生態循環，地球才能新陳代謝，正常地運轉。舉一個例子，我們每天會產生很多垃圾，這些堆積如山的垃圾從城市中運出去，掩埋起來。埋起來後細菌會把垃圾分解，變成無害的東西。美國的環保主義者乾脆自己養能夠分解垃圾的細菌，這些細菌能夠把他們家裡產生的垃圾都分解掉。如果沒有了細菌，地球就會走向死亡。

而當今人類的存在對於地球來說不僅不是必需的，反而是有害的。人類在幾萬年前對地球也是有益的，他們到處遷徙流浪，或者拾荒，或者打獵。前一種行為幫地球清理環境，後一種行為幫地球控制動物的數量。可是沒有想到人類由於智力和其他動物相比過於發達，出現了文明，導致數量難以控制，產生了大量的廢棄物，給自然界造成了越來越難以承受的壓力。從一萬年前開始，人類就已經成為地球罹患慢性病的徵兆了。

有一類生物叫做寄生蟲，這種生物居住在另外一種生物身上，從被寄生的生物身上獲得營養，這些被寄生的生物就是寄生蟲的宿主。對於地球來說，人類就是一種寄生蟲，而且是致病的寄生蟲。人類的存在嚴重地破壞了地球生態的平衡和循環，人類文明的進步，從農業革命到工業革命，都是對地球的沉重打擊。人類的整體數量雖然不多，但平均每一個人所消耗的資源和造成的污染，要遠遠高於任何一種生物的單一個體，可以說正是人類讓地球不再年輕。

人類身上有很多細菌，我們的皮膚上每平方公釐起碼有十萬個細菌。細菌還生長在我們的身體內，尤其是消化系統內。一個人身體內有十兆個細胞，但人體內細菌的總數起碼有一百萬億，種類至少有五百種，重量加起來有一・三公斤。不僅人是這樣，其他生物也都是這樣，都是細菌的宿主。

人的存在對於寄生在人體內的細菌是至關重要的，但對於細菌這個整體則無所謂，因為細菌早在沒有人類的時候就存在了。而對人類來說，細菌的存在是至關重要的，沒有細菌，人類也無法存活。

自然界中的細菌除了將我們生產的廢物轉換成有用的東西之外，還為人類提供不可缺少的營養，參與重要的氮循環。植物從環境中以硝酸鹽的形式吸收氮，動物吃植物，硝酸鹽參與動物的蛋白合成，再通過動物糞便排泄到環境中，或者動物和植物死去後分解出硝酸鹽，在自然中，硝酸鹽轉換成亞硝酸鹽，亞硝酸鹽再轉換成氮，這個循環的主角是細菌，細菌的酶將硝酸鹽轉換成亞硝酸鹽。大氣中的大部分氧氣也是由細菌提供的，細菌還能淨化水。土壤之所以能在幾千年中不斷地生長出供人類和牲畜食用的糧食，全是因為細菌使得土壤保持肥沃。

人身體內的細菌同樣重要。在腸道中，細菌把我們吃進去的食物轉換成身體需要的營養物質。我們腸道內寄生的細菌還負責和進入腸道的有害細菌戰鬥，抑制它們的生長和繁殖。身體內寄生的有益細菌是身體新陳代謝的一部分，也是身體防疫抗病的一部分，沒有這些細菌，就沒有人類。

我們把地球當作大自然母親，我們身體內的細菌同樣把我們當作大自然母親，它們也在盡力維持著這個大自然的生態平衡，也就是身體的健康狀態。人類健康狀態被破壞的一大原因是身體被外來細菌感染而生病，比如吃了不乾淨的食物會腹瀉，一場腹瀉下來，外來的細菌被排出體外，內在的細菌同樣被大量地排出體外，造成腸道內菌群失調，要經過一段時間的恢復調養才能達到健康的狀態。這個過程對於體內有益菌群來說，就和人類的傳染病流行一樣可怕。

電影裡經常描述外星人侵略地球的情況，以此來形容，致病細菌就好像入侵人體的外星人，由於它們是地地道道的外來生物，才會導致人體生病，甚至死亡。

世上萬物都要按照自然規律存在，人這種生物也不例外。人體的設計完全是為了適應地球的生態環境，對於可能的危險，人體有自己的自動防禦系統，可是為什麼面對致病的微生物有時卻會束手無策？

地球的調控手段

中國的古人有一種懷舊情結，認為最美好的生活存在於遠古。當然這是一種想像的寄託吧，但這個懷舊情結有一點是有道理的。生活在堯舜時代的人基本上不會得傳染病，他們的死因或者為營養不良，或者為意外，或者為仇殺。相比之下，現代人基本上是病死的。從這一點看，遠古時代確實有值得我們後人懷念的東西。

可以說世上本來沒有傳染病，人多了之後才有了。

所謂傳染病，就是能夠在人與人之間傳播的疾病。那些著名的慢性病比如心臟病等，就不屬於傳染病，因為我們不會因為跟一名心臟病患者接觸的次數多了，就也得心臟病了。最典型的傳染病如入秋到來年春天經常出現的流行性感冒，突然之間周圍的人因此病倒了一半，辦公室裡就如同緩緩地颳著一股感冒風，甚至會出現骨牌式的效應，即便不是醫生也能夠確定是哪位把病帶來的。這些傳染病基本上是微生物引起的。

科學家已經證明，遠古的人類中是沒有傳染病流行的，所有的傳染病都是在近一萬年內才出現在人類之中的，有些傳染病的歷史更短。這樣一來就有兩個可能：其一是這些致病性微生物都是在近一萬年內誕生的；其二是這些致病微生物在人類出現之前就存在，並且在人類出現後很長一段時間內，和人類和平共處。只是從一萬年前開始，它們成了人類的敵人。科學家通過對傳染病的病原進行基因分析，證明了第二種可能。對於這種現象，有一個淺層的解釋，還有一個深層的解釋。

淺層的解釋是因為一萬年前人類開始了農業革命，導致人類的數量增加了幾個數量級，這樣一來人就開始在世界的各個地區出現，那裡本來是動物的天地，是人這種智慧動物入侵並佔領了動物的世界，結果本來存在於動物身上、對動物無害的微生物跑到人群之中。這些微生物對於人類來說是異種，所以才出現了傳染病。

傳染病的流行和存在的基礎是要有一定數量的人，從一萬年前開始，人口數量持續增長，使得傳染病的流行越來越厲害。人類對動物進行飼養，也人為地大大增加人類接觸動物身上微生物的機會。反過來說，人身上的微生物進入動物體內，同樣會導致動物生病。因為在自然設計上，人和動物之間本來是有一個界限的，各自有各自的生存範圍。人類走出非洲，不斷地擴大自己的生存範圍，在遷移過程中打破了這個界限，於是傳染病層出不窮，直到今天，我們還必須面對新型的傳染性疾病，比如愛滋病 (Acquired Immune Deficiency Syndrome, AIDS) 和嚴重急性呼吸道症候群 (Severe Acute Respiratory Syndrome, SARS)。

深層的解釋要從前面說的人類的寄生性上理解了。從一萬年前開始，人類便從有益生物轉變成有害生物，所謂的人類文明對於地球的生態環境來說，是一種惡性很高的癌症。文明的出現使得地球僅僅靠環境已經無法控制人類的數量，人類的數量處於惡性膨脹之中，遠遠地超過了地球應該承受的程度。從地球的角度，既然無法用正常的辦法控制人類的數量，就只好用非正常的辦法解決問題，也就是通過傳染病來減少人類的數量。

微生物之所以扮演了人類殺手的角色，正是因為它們不會被人類的肉眼發現，可以很從容地傳播疾病；如果靠肉眼可見的動物的話，就不容易達到目的。比如狂犬病，要靠患病的狗或者其他同類動物咬人傳播，次數多了後人類就有了對策，一旦發現瘋狗，不問青紅皂白當即打死。歐洲有些地方從前對於被瘋狗咬過的人也是格殺勿論。所以歷史上沒有出現過狂犬病大流行。

傳染病這種調控手段的效果非常顯著，歷史上著名的黑死病一下子殺死了歐洲起碼三分之一的人口，在全球殺死了上億人。將近一百年前出現的西班牙大流感在不到一年時間裡就殺死了五千萬到一億人。天花則扮演著長效性殺人武器的角色，當年天花疫苗出現後，歐洲頗有些教會中人反對進行大規模接種，因為他們認為天花是上帝用來控制窮人數量的手段。

直到微生物學出現之後，人類的歷史才從聽天由命變成逆天而行，從而展開了一場場與致病微生物之間的戰爭。

下巴有幾塊骨頭？

微生物學並不是橫空出世的，它建立在現代生物學的基礎上，或者說就是現代生物學的一部分。

生物學作為一門科學在古典時代就出現了，但它的理論和知識既陳舊又錯誤百出。歐洲中世紀時，科學研究處於停滯狀態，一直將那些陳舊和錯誤的理論知識奉為經典。就拿人體結構來說，中世紀歐洲人信奉古羅馬蓋侖（Aelius Galenus）的人體結構圖，但因為在古羅馬時代，不容許進行人體解剖，蓋侖只能想別的辦法，他認為巴巴利猿（Barbary ape）和人的身體結構是一樣的，所以他的人體解剖學其實是巴巴利猿體解剖學。之後的一千四百年裡，那些學習人體結構的極少數人其實學的是巴巴利猿的結構。他們偶爾也會接觸到人體結構，比如摸摸自己，發現和書本裡講的對不上時，也並不認為是書裡面講錯了。

從猿體解剖學到人體解剖學，就是從古典生物學到現代生物學的轉變，這個轉變並不是因為生物學本身的內在動力，而是因為黑死病這場空前的災難。當歐洲因黑死病死到只剩一半多人的時候，大家最想瞭解的是究竟什麼原因引起了黑死病。在黑死病之前，解剖人體是不可想像的。黑死病流行之後，就沒有這個禁忌了，因為這是瞭解死因最直截了當的方法，官方甚至鼓勵醫生和科學家們解剖屍體，以便儘快發現黑死病的病因。雖然最終沒有通過人體解剖找到黑死病的病因，但從此對人體解剖就沒有那麼嚴格的限制了，醫學院還專門設立了解剖學教授職位。

義大利的帕多瓦大學有一位外科和解剖學教授，叫安德利亞斯・維薩里（Andreas van Wesel），是當時屬於神聖羅馬帝國的奧地利人。維薩里先在魯汶大學學習藝術，一五三三年去巴黎大學改學醫學。三年後因為神聖羅馬帝國和法國關係緊張，他覺得沒法在巴黎繼續待下去了，便來到義大利。在帕多瓦大學學了一年後便拿到了博士學位，一畢業馬上成為本校教授，並擔任博洛尼亞大學和比薩大學的客座教授，儼然是義大利外科學和解剖學權威，而此時他年僅二十四歲。

維薩里並不是一個天才，但家學淵源。他出身於醫學世家，祖父是馬克西米連一世的御醫，父親先是馬克西米連一世的藥劑師，然後成為馬克西米連一世的孫子——神聖羅馬帝國皇帝查理五世的貼身侍從。藉著與王室匪淺的關係，年輕的維薩里才會如此一帆風順。

維薩里對解剖的興趣是在巴黎上學時培養出來的，在巴黎學習解剖學的時候，他經常到聖嬰公墓去解剖屍體。在維薩里出任帕多瓦大學教授之前，解剖課都是教授講課，請一位外科醫生解剖動物。維薩里改變了這種傳統，親自解剖，讓學生們圍在旁邊觀看。這種實踐教學的辦法是對中世紀教學方法的一個突破，強調親身體驗和動手的能力，日後成為現代醫學教育的主流。

維薩里的第一項成就是有關放血療法的。放血療法是傳自古羅馬的常用治病辦法，不管得什麼病，統統切開血管放血，很多時候要放掉身體內五分之一的血量，甚至更多。當時對於放血療法沒什麼爭議，但對於應該在哪裡放血，則有不同的意見。

當時的主流醫學理論，包括歐洲和穆斯林的醫學理論，都認為要在遠離患處的部分放血，講究治標而非治本。維薩里出了本專著，支持古羅馬的醫學權威蓋侖的理論，認為應該在患處放血，還在書中用解剖學的知識證明蓋侖的觀點，認為人們治不好病就是因為沒有嚴格按古羅馬的辦法進行放血。

維薩里捍衛了經典的權威，糾正了流行的錯誤，贏得了主流的讚賞，這種有才華的官二代十分難得。他不是喜歡解剖屍體嗎？於是帕多瓦的一名法官特別批准，被處決的罪犯的屍體先交給維薩里教授去解剖，希望有了這個有利條件後，他能夠取得更多的成就。維薩里有了固定的屍體來源，通過不斷地解剖，對人體結構有了更精準的認識。他專門請來畫家，把人體結構畫出來，專業人員一出手，讓他的解剖圖譜比別人的精緻了許多。

到了一五四一年，解剖了兩年罪犯屍體之後，維薩里終於得出結論：原來人和巴巴利猿的身體結構是不一樣的。他還在解剖中發現了許多問題。比如蓋侖說下巴有兩塊骨頭，可維薩里摸了許多遍，自己下巴就一塊骨頭，在解剖了許多屍體後，證明的確如此。另外從亞里斯多德開始，一直認為血管起源於肝臟，可維薩里發現心臟才是血管的起源。

維薩里開始發表自己的觀點，修正蓋侖的理論，這自然引起了反對的聲浪。為了證明自己的觀點，一五四三年，他主持了一場公開的屍體解剖，解剖對象是瑞士巴塞爾一名罪犯的屍體。後來，他把這具屍體的骨骼組合起來，獻給巴塞爾大學，這是他存世的唯一標本，也是世界上最古老的解剖學標本。

就在這一年，維薩里發表了七卷本《人體結構》（De humani corporis fabrica），獻給查理五世，其後又為學生們出了節選本，獻給查理五世的兒子腓力二世。這本劃時代的巨著到現在仍為解剖學的經典之一，而此時維薩里年僅二十九歲。

一舉成名之後，維薩里被查理五世任命為御醫，但他的研究成果引起了很多非議，導致皇帝下令調查他的研究是不是對宗教有副作用，幸好他證明了自己的清白。查理五世退位後，他繼續為腓力二世效力，腓力二世非常欣賞他，給了他一份年金，並封他為伯爵。

雖然有了王室的保護傘，但維薩里的日子並不好過，一直有人從宗教的角度攻擊他，因為教會認可的是蓋侖的理論。維薩里不敢說蓋侖錯了，只好解釋說從蓋侖到現在，人體的結構變了。為了證明自己的宗教信仰，維薩里在五十歲的時候去耶路撒冷朝聖。到耶路撒冷後收到帕多瓦大學的信，校方希望維薩里再次出任教授，於是他立刻動身往回趕，卻因在愛奧尼亞海（Ionian）翻船而遇難。

維薩里的屍體倒是被打撈上來了，不過因為喪事欠了很多債務，屍體差點兒被丟棄，好在他的一位遺產繼承人趕來，才把葬禮費用和其他債務還清。

用一套血管連起來

維薩里的一生正所謂禍福相依，他打開了一扇門，讓人類在瞭解敵人之前，先瞭解了自己。人類和微生物的戰爭是所謂的千日防賊，如果連自己家是怎麼個情形都不清楚，如何能夠防止賊的入侵？

維薩里在解剖學上的成就，標誌著現代生物學的誕生，也標誌著整個社會開始趨於實用主義。社會對有實際經驗的醫生的需求越來越大，對大學培養出的只會理論根本不會看病的醫生沒什麼興趣。醫學要求實踐，解剖成為常規後，人們對人體的瞭解越來越多，醫學進入了一個資本的原始積累階段，現代醫學就要誕生了。醫院同時也在向現代化邁進，從僅僅隔離病人到開始嘗試治病。公共衛生的概念是因為黑死病而誕生的。而且，重要的是，黑死病讓歐洲人開始從不同的角度考慮和研究疾病是怎樣傳播的。這些對知識的渴求，推動高等教育快速發展，各大學裡開始設立醫學院，醫學受到了空前的重視。

維薩里使得帕多瓦大學的醫學教育水準領先歐洲，吸引歐洲各國的學生前來進修研習，這些學生中有繼維薩里之後的另外一位生物醫學巨匠——威廉．哈維（William Harvey）。

英國人威廉．哈維並非出生在醫學世家，他老爸是英國的一位地方官員，算紳士階層。一五九七年哈維在英國完成了大學學業後，便到歐洲大陸去遊學，在法國和德國學習兩年後，進入義大利的帕多瓦大學繼續學業。一六〇二年哈維獲得帕多瓦大學醫學博士學位後馬上回到英國，當年就獲得了劍橋大學的醫學博士學位。由此可見當時英國的醫學教育水準也就是第三世界的層次，後來鼎鼎大名的劍橋大學當時和義大利的名校相比還差著檔次。

維薩里去世後，加布里埃爾．法洛皮奧（Gabriele Falloppio）出任帕多瓦大學外科和解剖學教授，然後由西羅尼姆斯．法布里休斯（Hieronymus Fabricius）繼任。哈維就是法布里休斯的學生。這段時間被稱為解剖學的黃金時代，人體結構的奧秘相繼被發現。

哈維具備雙博士身份，本人出身也很好，因此畢業之後就去了倫敦當醫生，然後又當講師，十四年後成為英王詹姆斯一世的御醫，幾年後詹姆斯一世去世，他繼續做查理斯一世的御醫。

一六二八年，哈維發表了血液循環的理論。

人體內有血液流動是顯而易見的事，再固執的人也無法否認，因為把血管割開就能證明。至於血液流動的原理，蓋侖也有他的理論。蓋侖認為有兩套血液管道系統，一套是心臟和動脈，另外一套是肺和靜脈。一千多年來，一直有人質疑這個理論。

哈維認為只有一套系統，動脈從心臟把血運出來，靜脈將血送回心臟。證明這一點並不複雜，哈維找到很多機會驗證自己的發現。查理斯一世酷愛打獵，哈維跟著檢查了很多被查理斯一世打中的動物。他把小動物的皮切開，將心臟露出來，然後把靜脈紮住，心臟就癟了，把動脈紮住，就見心臟膨脹起來。過了幾年英國內戰爆發，他又利用救治傷兵的機會觀察人體，發現人和其他動物沒有區別，血液都是這樣循環的。和維薩里不一樣，哈維的發現是泛動物的，在這個發現的基礎上，人和動物的生存機理才漸漸地被發現了，因此哈維的血液循環理論才稱得上是另外一個里程碑式的生物學發現。

血液循環的發現，對人們瞭解生物的特性有著極其重要的作用。這個發現，把人體各個獨立的器官和功能，用一套血管串了起來，使得生命成為一個相互聯繫的整體。整體性問題解決之後，接下來的問題就是要從細微處著手，瞭解生物是怎麼組成的。

從維薩里到哈維，人類對自己的身體結構和功能的瞭解大有進步，但這些現代生物學的新發現，並沒有被所有人相信，而要驗證這些理論，僅憑屍體解剖是不夠的，還需要眼見為實，比如血液循環，就要放大後觀察。此外，生物有各種各樣不同的形狀，頭尾手足肢體，但究竟是怎麼組成的？那些肉眼看不到、看不清楚的東西是怎麼樣的？還有那些個體很小的生物，它們的結構又是怎麼樣的？都是生物學要解決的問題。對於人類來說，視力再好還是看不清楚，必須借助另一雙銳眼，這就是顯微鏡。

等待了二百年

人類很早就開始使用鏡片了，最早可以追溯到亞述人。到十六世紀末，顯微鏡出現了，開始被一小批科學家使用，用來觀察以前用肉眼看不見的人體結構和動植物結構。

第一個稱得上顯微鏡學家的人是義大利人馬爾切洛·馬爾比基（Marcello Malpighi）。他是正規大學醫學專業畢業生，一六五六年拿到了醫學學位，後來成了大學教授。馬爾比基是哈維的粉絲，他用顯微鏡證明了哈維的血液循環理論是正確的，他還用顯微鏡證實了另外一個流傳千年的理論，認為人在受精後已經發育成形了，是一個非常微小的人，從懷孕到出生就是個不斷放大的過程，可惜這一理論最終被證明是錯誤的。

另外一位顯微鏡學家是英國人納希米阿・格魯（Nehemiah Grew）。他主要用顯微鏡對植物進行觀察，通過對開花植物的觀察，進一步瞭解了生命的特性。

荷蘭自然學家簡・斯瓦姆丹（Jan Swammerdam）用顯微鏡研究昆蟲。有醫學學位，但沒有行醫。他一共研究了三千多種昆蟲，在人體解剖學上也頗有建樹，最大的成就是發現了紅血球。此人本來能夠集大成的，可是到了一六七三年卻加入了一個十分傳統的宗教組織，不再搞科學研究了。

另外一位就是和牛頓不對盤的羅伯特・虎克（Robert Hooke）。虎克雖然是物理學家，但涉獵廣泛，他在斯瓦姆丹之後研究昆蟲，於一六六五年在顯微鏡下看到細胞，也就是人體最基本的單位。但是上述這幾位都沒有看到微生物，最終獲得這個偉大發現的就是本書開篇所提到的外行人李文虎克。

李文虎克發現微生物後，人們開始考慮這些肉眼看不見的東西是怎麼來的。

一千七百年以前，人們認為生物是從非生物中自發產生的，比如黃蜂和甲殼蟲是從糞裡長出來的，老鼠和青蛙是從河床、沼澤或黏土裡鑽出來的，蛆和蒼蠅是從腐肉上生出來的，在這個基礎上科學家進行了很多研究。直到一八〇〇年，人們才搞清楚動物是怎麼繁殖的：牠們不是從非生物中自發產生的，而是和人類一樣靠自己繁殖出來的。但是對於疾病的來源還弄不清楚，自發學說仍佔據主要地位。

疾病的外源說早在西元前一世紀末就出現了，羅馬的沃羅認為是沼澤地的小昆蟲進入人體後造成疾病，這個觀點雖然是錯誤的，但距細菌和病毒致病學說已經只有一步之遙了。那以後兩千年間，各種致病說層出不窮，有人認為是人類不信上帝所受的懲罰，還有人認為是被巫師害的。而科學家則堅持是血液中看不見的東西導致了疾病，這種理論引起放血療法盛行，力求把血液中致病的東西放出來，以達到治病的目的。

顯微鏡的出現和微生物世界的發現，並沒有引起生物醫學的飛躍，在李文虎克發現微生物之後的近兩百年內，人們一直沒有能夠將微生物和疾病聯繫在一起。在這個漫長的過程中，人類用經驗醫學的辦法研究出了第一種預防傳染病的辦法，就是牛痘苗。

英國的鄉村醫生愛德華・琴納（Edward Jenner）發現得牛痘後就不會得天花了，

他在這個基礎上於一七九八年成功研製出牛痘苗，這是人類研發出的第一種疫苗。

牛痘苗對於預防天花非常有效，人類終於有了對抗傳染病的武器。但是琴納發現牛痘苗的過程並不是真正的科學研究，還是屬於古典的黑箱子做法，通過觀察得出結果。對於牛痘苗為什麼能夠預防天花，琴納並不清楚，天花是什麼東西引起的，他更不清楚。他所追求的是效果，並且成功了。琴納在預防天花上的成功帶動了醫學的進步，人類在漫漫長夜中終於看到了曙光。他的成功也讓其他醫生和科學家們認定觀察是醫學研究最重要的手段。

但從科學的角度，琴納的方法無法用於預防其他疾病。比如鼠疫，如果參考琴納的辦法，人類就得找一種動物鼠疫，看看人得了這種動物鼠疫後是否就不會得人鼠疫了。但這顯然是不可能的，因為鼠疫是在人和動物身上都存在的疾病，動物得了鼠疫後也會死亡，不像牛痘那樣，在牛身上不會引起嚴重的疾病。

因此，想要對抗其他傳染病，人類只能等待機會。

法國有個人

一八二二年底，在法國的多勒誕生了一名男嬰，他的名字叫路易．巴斯德

（Louis Pasteur）。

巴斯德的父親是個皮匠，曾在拿破崙麾下征戰西班牙，因為作戰勇猛而獲得榮譽軍團騎士勳章。戰爭結束後，老巴斯德重新當皮匠，在小山村安家，打算靠雙手讓自己的家人過上幸福生活，他除了教給巴斯德刻苦工作這樣的傳統價值觀外，還有愛國精神。老巴斯德皮匠鋪的牆上掛著拿破崙像和老巴斯德馳騁沙場時用的利劍，教兒子讀書的同時也讓他瞭解拿破崙時代法軍的光榮，這樣的教育使得巴斯德成為一個堅定的愛國者。

巴斯德十四歲的時候，他所在學校的校長建議他到巴黎去接受高等教育，雖然要花一大筆錢，但沒想到巴斯德的父親居然同意了。巴黎也有開旅店的人願意給巴斯德提供便宜的住處，條件是讓他教小學生作為回報。來到巴黎後，巴斯德很不適應，才待了一個月就收拾行李回家了。之後巴斯德到貝桑松學習了兩年半，其他課程考試成績不錯，唯獨化學成績平平。這時候巴斯德又想去巴黎了。

他再次來到巴黎，還是一邊幫人補課掙錢，一邊複習，準備投考著名的巴黎高等師範學院。第一次考試成績在被錄取的二十二人中排名十四，雖然被錄取了，但巴斯德覺得排名太差，於是，決定重考。次年，也就是一八四三年，二十一歲的巴斯德以排名第四的成績入學。在等待學校開學時，巴斯德聽了一場著名化學家尚．巴蒂斯特．杜馬

（Jean-Baptiste Dumas）的講座，從此立志當一名化學家。巴斯德的父親希望他當數學老師，因為薪水高。但巴斯德主意已定，在巴黎高等師範學院學習了三年畢業後，寫信給杜馬，希望能到他的實驗室工作。大名鼎鼎的杜馬哪裡看得上這麼一個愣頭青，一口回絕了。巴斯德只好準備離開巴黎，回家鄉找個工作。正在這時，他的老師、溴元素的發現者安東尼·巴拉爾（Antoine Jérôme Balard）給他提供了一份工作，和著名化學家奧古斯特·洛朗（Auguste Laurent）一起工作。

雖然自己的化學成績不是十分出色，但有良師益友的幫助，巴斯德在晶體研究上取得不錯的成就，開創了立體化學這個全新的領域，成為化學界的一顆新星。

一八四八年，巴黎發生騷亂，巴斯德立即加入國民警衛隊。就在這一年，他剛剛把有關晶體的研究報告送到法國科學院，就聽說母親中風，等趕到家時，母親已經去世了。這一年年底，他來到史特拉斯堡大學出任化學教授。在這裡，他愛上了校長的女兒瑪莉（Marie Laurent），兩人很快準備結婚，直到結婚典禮之前，巴斯德還在實驗室工作，要靠別人提醒才想起自己的婚禮。這樁婚姻對巴斯德的事業幫助極大，因為瑪莉充分理解科學研究對於巴斯德的重要性，而且不遺餘力地幫助他，沒有瑪莉的支持，巴斯德就不可能取得那麼多的成就。巴斯德寫給妻子的信的結尾所用的簽名也表達出自己的感激之情：永遠愛妳和科學。

一八五三年，巴斯德獲得榮譽動章和化學學會獎。次年，他攜家帶眷來到法國第五大城市里爾，出任里爾大學理學院院長和化學教師，此時他年僅三十二歲，已經是法國第一流的化學家了。

化學家是那個時代的寵兒，因為工業革命的一大支柱便是化學，對化學人才需求很大。里爾大學請巴斯德來，是希望這位第一流的化學家能夠幫助本地解決從甜菜汁中提取酒精的問題，因為這一產業是當地的經濟支柱。這種從甜菜汁中提取的酒精是生產香水、塗料、醋等的原料，但在提取過程中，甜菜汁很容易變酸，從而造成巨大的經濟損失。巴斯德剛到任，一名學生的父親就請教他，為什麼甜菜汁沒有發酵成酒精，而是變酸了，巴斯德也不清楚，便馬上開始研究。

除了化學儀器外，巴斯德還有一件寶貝，就是在李文虎克那裡集大成的顯微鏡，這時顯微鏡的功能已經改善了很多。正因為用上了顯微鏡，巴斯德很快發現了問題。

在從存放好酒的罐子裡取來的樣品中，巴斯德發現了一種微生物，也就是酵母菌，他從來沒有從事過生物學的研究，但從一開始就認定這種微生物在發酵中起一定的作用。而在從發酸的酒罐中取來的樣品中，巴斯德發現除了酵母外，還有大量的其他微生物。根據這個發現，巴斯德做出建議，提取酒精過程中用顯微鏡觀察，如果出現酵母之外的其他微生物的話，就把酒扔掉，重新開始。

巴斯德是第一位發現微生物的作用的人，雖然他沒有受過生物學和醫學的教育和訓練，但他有一種天生的直覺。當地的酒廠用巴斯德的辦法成功地解決了酒變酸的問題，他一下子成了英雄人物。通過這項研究，巴斯德認為每一種發酵過程中都有特定的微生物在起作用。這個結論遭到著名科學家尤斯圖斯．馮．李比希（Justus Freiherr von Liebig）的反對。德國人李比希是那個時代最偉大的科學家之一，他創立了有機化學，因此受封男爵。李比希認為發酵不是生物過程，而是一個化學過程。巴斯德為此專程前往漢堡，希望和李比希就此進行探討，卻遭到對方的拒絕。

從這時起，巴斯德和德國人較上勁了，李比希是他的第一個德國對手。事後證明兩個人都是對的，發酵需要酵母，但卻是通過酵母中的酶起的作用，因此既是生物過程又是化學過程。

因為這項成就，法國科學院授予巴斯德實驗物理學獎，但很多人和李比希一樣，對他的發現持否定態度。巴斯德所證實的是人們在他之前上千年中一直都有的一種猜測：因為植物可以從一個種子發芽長大，那麼人和疾病也應該有同樣的過程。但這種猜測直到巴斯德時代，通過顯微鏡對微生物進行研究才得以證實。

一八五七年，巴斯德被母校聘請為主管行政管理和科學研究的主任，雖然回到學術氣氛濃厚的巴黎，但母校並沒有給他提供優厚的條件，他不僅得自己買或者製造科學研究儀器，也沒有足夠大的實驗室，不過對他來說，只要能進行研究就夠了。一八五九年，他年僅九歲的大女兒死於傷寒。女兒的死，使得巴斯德把他的注意力集中在對於疾病原因的研究上。

從這時起，人類正式開始和細菌決戰。

為了其他人的女兒

傷寒是由沙門氏菌引起的疾病，也是人類面臨的第一場瘟疫。

西元前四三〇年，如日中天的雅典突然爆發瘟疫，一半以上的居民和四分之一的城邦軍人在瘟疫中死去，雅典的社會結構因此崩潰，不僅不能同斯巴達爭奪霸權，而且很快衰落。雅典王培里克里斯於次年病死，無敵的雅典艦隊也消失了。記錄下這場瘟疫的修昔底德告訴我們，瘟疫自衣索匹亞開始，然後進入埃及、利比亞以及波斯大部分地區。這場有史以來的第一次大瘟疫就是傷寒。

從那時起，傷寒一直到處流行。女兒的死，對巴斯德的刺激很大，他開始琢磨是什麼東西引起的疾病。

當時，大多數醫生認為疾病是身體自發產生的，而巴斯德通過自己對發酵的研究，認為疾病是由微生物造成的。自李文虎克發現微生物世界後，巴斯德並不是第一個想到微生物有可能是致病的原因的人，但他絕對是第一個對此進行研究的人。

當年看走了眼的杜馬已經和巴斯德成為好朋友了，他和畢奧都（Jean-Baptiste Biot）勸巴斯德放棄這個念頭，因為在他們看來，這個問題是不會有答案的，何必在此事上浪費時間。但為了別人不再像自己一樣忍受喪女之痛，巴斯德下定決心要解決這個問題。

巴斯德首先要證明細菌不是自生的，而是通過空氣中的灰塵傳播的。他在兩個容器中裝上酵母水，通過加熱殺死裡面的所有細菌，之後將一個瓶子密封，另外一個瓶子打開，結果密封的瓶子裡面沒有細菌生長，打開的瓶子裡面有細菌生長。

反對的人們一下子就看出問題來了，認為是因為氧氣的原因導致了這樣的結果。當時人們已經意識到氧氣對於生物生存的重要性，有人認為密封的瓶子沒有氧氣或者氧氣不夠，所以沒有細菌生長。

巴斯德馬上又做了一個實驗，他設計了一個天鵝狀的瓶子，空氣中的灰塵可以進來，但接觸不到酵母水，結果開著口的瓶子裡也沒有細菌生長，只有人為地使灰塵接觸到酵母水時才會有細菌生長。此外，巴斯德還證明了細菌生長與否、生長多少取決於空氣中灰塵的多少。他到處取樣，結果從巴黎的大街上取來的樣品個個都有細菌生長，而從高山上取來的樣品則只有少數有細菌生長。

巴斯德的實驗成功地證明了細菌是通過繁殖而不是自然生長出來的，可是他沒有想到，他因為這個成功的實驗而被捲入一場和科學研究無關的風波之中。

巴斯德本來以為自己解決了生物醫學上的一個難題，但當他的實驗結果在社會上引起巨大的反響後，才發現自己捅了一個大馬蜂窩，因為根據他的實驗結果可以推斷出造物主的存在。

中世紀的教會是歐洲人的一個緊箍咒，尤其對於科學技術的發展而言，教會是一個巨大的絆腳石，現代科學的發展在很大程度上和反教會有關。從文藝復興開始，歐洲人不斷地打破那條上帝的鎖鏈，解開他們心頭的禁錮。科學在各個領域的發展都支持這場世界觀的革命，一時間反對上帝存在、支持無神論的科學理論受到吹捧，成為時尚。

教會一直說上帝創造萬物，如果按當時的潮流，用自發論來解釋生物生長的話，就不存在所謂的上帝了。現在巴斯德證明細菌和人一樣，是通過自身繁殖，而不是自然轉化出現的，這個理論可以用來證明上帝的存在，因為最早的細菌只能是上帝創造的。

教會和信徒們為此歡欣鼓舞，那些不信神的科學家們氣壞了，開始對巴斯德予以反擊，主力是菲力克斯—阿基米德·普切（Félix Archimède Pouchet），此人是一位自然學家，自生學說的領軍人物。既然巴斯德用實驗來說話，普切也企圖用實驗證明巴斯德是錯的，巴斯德到處採樣，他也到處採樣，甚至冒著生命危險到庇里牛斯山山頂去採，結果他採的所有樣品都有細菌生長，證明巴斯德錯了。

巴斯德對應該不應該證明上帝的存在不感興趣，他關心的是自己的研究能否解決實際問題。現在有人質疑，他不得不應對，他的實驗繼續表明必須要有接觸才能引發細菌生長。這樣一來，就吵開了鍋。兩人的實驗都很嚴格，可是結果截然不同，到底誰對誰錯呀？

這個爭論在當時沒有結果，直到後來才得出結論，證明巴斯德是正確的。人們當時不知道有些細菌是能夠耐熱的，普切用的是一種加熱過的乾草培養基，裡面有耐熱的細菌孢子，所以能長出細菌來。

一八六二年，巴斯德入選法國科學院，皇帝拿破崙三世請他解決法國釀酒業存在的葡萄酒和啤酒變酸的問題。在巴黎，因為喝城裡的水容易生病，所以人們用葡萄酒和啤酒解渴，對酒的需求量很大，葡萄酒還是法國的經濟支柱之一。一八六三年夏天，巴斯德回到家鄉，在那裡建立了一個小的實驗室，開始對酒變酸的問題進行研究。

還是借用顯微鏡，他發現了幾種不同的細菌，每種細菌能夠造成不同的問題，他因此能夠預測酒何時變質。此外他還研究了牛奶和奶油變質的問題，發現了厭氧菌（anaerobic bacteria），但並沒有馬上發表，因為法國著名科學家安東尼·拉瓦錫（Antoine Lavoisier）認為生命不可能在無氧的環境中生存。巴斯德請杜馬等人前來觀看他的實驗，杜馬質疑是否因為實驗環境密封不嚴格所以存在微量的氧氣，巴斯德則證明這種細菌暴露在氧氣下的話就會被殺死。

一八六五年，巴斯德被請到貢比涅，皇帝和皇后特意和他討論工作的進展。皇帝饒有興趣地在顯微鏡下看紅酒中的微生物，皇后則樂此不疲地充當助手，幫他拿實驗用品。當客人們希望看看人血和青蛙血有什麼不同時，皇后二話不說，刺破手指，滴血為他當樣品。受到皇家的如此禮遇，巴斯德的聲望越來越高。

科學奇才

巴斯德並沒有為此而陶醉，回到實驗室後，還是努力尋找長期保存酒的辦法。他嘗試往酒裡加糖、醋、葡萄乾、肉塊、酒精和消毒劑，都失敗了。最後他終於找到有效的辦法：在沒有空氣的情況下將酒快速從攝氏六十度加熱到攝氏一百度。

使用這種辦法確實能夠保證酒不再變酸，但造酒的一聽就搖頭，因為他們認為酒加熱過後就不好喝了。對此，巴斯德還是用事實說話。他把品酒專家請來，將同樣的酒一瓶加熱一瓶不加熱，他先從同一瓶酒中倒出兩小杯，告訴專家們一杯加熱過，另一杯沒有加熱，所有專家都認為口味不同。然後巴斯德再給他們真的樣品，卻不告訴專家們哪一杯是加熱過的，結果十個專家中有九個無法分辨兩種酒的區別。這樣一來就證明了，酒加熱後口味不會改變。接下來，巴斯德讓船運載這兩種酒去遠航，幾個月後回來，加熱的那些酒味道如初，不加熱的那些則變酸了。

巴斯德解決了法國釀酒業的最大難題，使得法國酒可以出口到世界各地。這種用加熱來保存食物的辦法被稱為「巴氏消毒法（Pasteurization）」，很快便被用在其他食物上，對於牛奶的保存尤其有效，是現代公共衛生領域的一大進步。

巴斯德為這種方法申請了專利，他本來可以因此而成為巨富，但他和琴納一樣無私地把這項專利公開，使得整個世界直到今天還受益於這種簡單實用又價格低廉的食物保存方法。

巴斯德連續解決了幾個和國計民生密切相關的問題，法國政府把他當成大救星，馬上請他解決養蠶業的問題。一八四五年開始，蠶農發現蠶身上出現黑點，然後很快大批死亡。蠶的這種病傳播得很快，給法國養蠶業造成巨大損失，僅一八六五年就損失一千一百萬，相當於乳製品業出口收入的百分之九十七。

這一次是杜馬作為說客，但巴斯德不願意出馬，因為以前他解決的問題好歹和化學有些關聯，可是這一次就不一樣了，他既不是生物學家也不是生理學家，對養蠶業根本一無所知。杜馬認為這樣更好，反而能發現別人無法發現的東西，硬是把巴斯德說動了。

經過對養蠶業的一番瞭解，巴斯德開始對解決蠶病有了興趣。其一，養蠶業對於法國經濟非常重要；其二，研究這種病有助於瞭解疾病在人群中傳播的原因。於是巴斯德來到法國南部的地中海岸，學起養蠶來了。可剛到那裡沒幾天，他就收到父親病重的電報，又急急忙忙往家鄉趕，但還是和母親去世那次一樣，沒有來得及給父親送終。緊接著他兩歲的女兒死於腫瘤。還沒等他從連番的打擊中恢復過來，杜馬來了急電：巴黎流行霍亂，請巴斯德回來幫助防疫。一直到一八六六年，巴斯德才又能全心全意地進行關於蠶病的研究。他帶著一批自己最好的學生重返南部，他的夫人也加入了研究的隊伍，學會了養蠶。

很快，巴斯德認定這是一種寄生蟲病，病原來自蠶所吃的桑葉，可以用顯微鏡來識別有病和正常的蠶蛹。在他的指導下，蠶農們慢慢學會用顯微鏡看蠶蛹，發現有病的蠶蛹就馬上處理掉。

但這種方法並未獲得成功，蠶還是大批地死去。在不斷的失敗之中，巴斯德發現了另外一種微生物也能導致蠶死亡，並且認為因為蠶的生長環境很差，導致對抗疾病的能力減弱。於是他提出了新的篩選蠶蛹的方法，並要求蠶農改善蠶的生長環境，給蠶多一點兒空間，餵牠們好的桑葉。巴斯德可以說是第一個意識到清潔是對抗疾病的一個有效辦法的人。但就在新的解決方案實施的關鍵時刻，一八六八年十月十九日，巴斯德突然中風了。

長期廢寢忘食地工作，使得巴斯德的健康情況很不好，雖然他只有四十四歲，但中風是對健康的嚴重打擊，很多人認為他不可能恢復過來了。可是三個月後，因中風而半身不遂的巴斯德又開始工作了。

之前蠶死亡的問題還是沒有解決，很多聽從巴斯德建議用顯微鏡篩選蠶蛹的蠶農並沒有如願地盈利，為此而責怪他，但大病初癒的巴斯德對解決蠶病的新方案信心十足。

皇帝的兒子在義大利有一個蠶場，巴斯德應邀到了那裡。其後八個月時間內，在巴斯德新方案的指導下，蠶場在十年內第一次盈利。

解決養蠶業問題的辦法終於獲得肯定，巴斯德還沒有來得及享受成功的喜悅，歐洲局勢大變。一八七〇年，法國和普魯士打起來了。法軍不堪一擊，拿破崙三世率軍投降。巴黎面臨危機，一腔愛國熱情的巴斯德趕回巴黎，要求參加國民警衛隊保護城市，但因為半身不遂而被拒絕了。在朋友們的勸說下，他離開巴黎返回故鄉，焦急地等待已經參軍的唯一的兒子的消息。

巴斯德的兒子剛剛參軍時染上了傷寒，當時巴斯德動用了自己所有的影響力，讓兒子得到了最好的治療，使他從傷寒中恢復過來。現在法軍兵敗如山倒，兒子生死未卜。同時巴黎也被圍，供給嚴重短缺，巴黎人已經開始吃耗子了，巴斯德於是開始研究起怎麼做麵包，希望能幫助巴黎人解決糧食問題。這期間，義大利請他去當教授，但愛國的巴斯德拒絕了。他將德國波昂大學授予他的獎章退了回去，以示對德國侵略者的抗議。

後來，巴斯德終於得到了兒子的消息，他聽說兒子所在的部隊經歷了一場惡戰，全團一千兩百人只有三百人生還。這一下他待不住了，帶著妻子和女兒，坐上馬車，在冰天雪地裡奔赴戰場，在傷兵堆裡到處打聽兒子的下落，終於從一名傷兵口中得知兒子還活著，而且就在附近。第二天，他們和兒子在路上偶然相遇了。巴斯德把兒子帶到日內瓦，讓兒子從戰爭造成的心靈和身體的創傷中恢復過來。

巴斯德將這場戰爭的失敗歸罪於法國科學和高等教育的失敗，在寫給一名以前學生的信中，巴斯德表示今後所有的工作都將圍繞這樣的主題：仇恨普魯士，復仇！復仇！一八七一年夏天，巴黎公社破滅，又一個共和國建立了，巴斯德回到巴黎，參選議員。他的政見是要通過科學使得法國不再被外國勢力所征服，但這種觀點不為選民認可，他落選了，又回到他所鍾愛的科學研究領域中去。

一時瑜亮

一八七一年年底，德國小鎮沃爾什騰的醫生羅伯·柯霍（Heinrich Hermann Robert Koch）收到了妻子送給他的二十八歲生日禮物。正是這份禮物，開創了一個偉大的時代。

科學沒有國界，可是科學家有自己的祖國。巴斯德沒有能參加國民警衛隊和德軍作戰，而後來成為他在微生物學上的對手，和他一起奠定了微生物學基石，使得微生物學進入黃金時代的德國人羅伯·柯霍，和他一樣也是個愛國者，在普法戰爭中自願入伍。

柯霍的父親是一名礦業工程師，他在高中時開始對生物學產生興趣，一八六二年進入哥廷根大學學醫。雅各・亨勒（Friedrich Gustav Jakob Henle）是那裡的解剖學教授，柯霍接受了亨勒於一八四〇年提出的觀點——傳染病是由活的寄生的東西造成的。一八六六年柯霍獲得醫學學位後，到柏林做了六個月的化學研究，深受魯道夫・路德維希・卡爾・菲爾紹（Rudolf Ludwig Karl Virchow）的影響。之後他去漢堡等地當醫生，通過了地區醫生的考試。普法戰爭結束後，他退伍，來到沃爾什騰當地區醫生。

此時人們對細菌已經有了很多的認識，巴斯德的成果也使得人們有了對抗和戰勝細菌的信心。雖然巴斯德並沒有在預防和治療傳染病上取得成就，但是他的那些成就給了人們戰勝傳染病的勇氣。但由於巴斯德所做的都是實用性研究，無法證明究竟哪一種細菌才是致病菌，因此，他的成就一直不被醫學界主流所接受。人們認為，他是一個化學家，所做的研究和人類疾病無關；另外，他的工作是不完整不準確的，他認為細菌致病，但到底是什麼細菌，他就無法回答了。想讓別人接受，他必須分離出單一細菌來，然後檢測其致病能力。

要實現這一點，必須找到一種辦法，從一大堆細菌中分離出單個細菌來，因為絕大多數細菌是無性繁殖的，只要條件合適，讓這個細菌一變二、二變四繁殖起來就是了。

繁殖細菌非常容易，整一碗牛肉湯，放在桌上，過一兩天回來一看，肯定長出幾十億個細菌，但是這幾十億個細菌有好多種，而從事科學研究必須從單一菌種開始。巴斯德等人的細菌致病說在當時是諸多致病說之一，此外還有因為吸入毒素致病、由皮膚上的臭氣致病、蠕蟲和真菌同時生長致病、排泄物分解致病、氧氣減少致病等各種學說。由於無法分離出單一細菌，細菌致病說無法得到證實。

柯霍妻子送給他的二十八歲生日禮物是一架顯微鏡，收到太太送的顯微鏡後，柯霍拿著它到處看，等到看了死於炭疽病的羊和牛的血液時，他覺得鏡下那堆東西是細菌，因為健康動物的血液中沒有。柯霍讀過巴斯德的文章，也認同他的細菌致病論，但是，當時細菌致病論還停留在假說的階段。柯霍開始考慮證實這個理論，首先要證明他看到的東西是細菌，而不是某種血細胞的碎片，接下來就要證明這個細菌就是引起炭疽的致病菌。

思路很合理，也很清晰，但是柯霍只是一個小鎮的醫生，他的科學知識僅僅是在醫學院裡學的那些，而醫學院根本就不教有關細菌的知識。柯霍只好先去讀文獻，然後自己動手做儀器進行實驗。法國科學家卡凱西米爾．戴維恩（Casimir Davaine）在巴斯德論文的啟發下，證明了炭疽能從受感染動物傳播到健康動物，基本上確定是微生物導致炭疽病的。柯霍讀到這個發現，便從這裡入手。他把木條燒熱後從感染炭疽而死的動物的血液中取樣，放到老鼠體內，老鼠死了，他解剖老鼠，看到同樣的症狀。再用從死去的老鼠身上取來的血液給健康的老鼠注射，健康的老鼠也死了。

他不是第一個做這類實驗的，也無法證明細菌致病，因為他那棍尖上有數不清的細菌。和巴斯德一樣，他看到了現象，可是無法證明是細菌導致了炭疽病，他必須找到一個純的培養基。

經過很多次實驗，柯霍從牛眼中取來清澈的液體，在顯微鏡下沒有看到細菌，然後從得炭疽病的老鼠脾臟取樣加入其中，幾天後牛淚液出現細菌繁殖，柯霍用這種液體給健康的老鼠注射，老鼠得了炭疽。柯霍認定他分離出了炭疽菌，而且發現炭疽菌在體外可以生存一段時間。一八七六年，柯霍發表了他的研究成果，他的文章描述得非常清楚，非常有條理，慢慢地引起人們的注意，並信服了他的理論。一八八〇年，由於炭疽菌研究上的成就，柯霍被調到帝國衛生署任職。

柯霍是第一個分離出單一種類細菌的人，也因此成為和巴斯德比肩的微生物學大師。

就在柯霍以德國人特有的嚴謹成功地分離出炭疽菌的時候，巴斯德也開始研究炭疽了。十九世紀六〇年代和七〇年代，炭疽病一直在法國流行，殺死了成千上萬頭牛羊。一八七七年，法國農業部長請巴斯德研究炭疽病。柯霍是從科學的角度出發，證明了炭疽菌可以引起炭疽，但他並沒有找到預防炭疽的辦法。巴斯德則還是從實際的角度入手，他要和過去一樣，為法國的畜牧業找到預防炭疽的辦法。

巴斯德首先重複柯霍的實驗，他採用重複稀釋的辦法，在培養液中放一滴血液，然後再從中取出一滴放到另外一瓶培養液中，一共重複了四十遍，依然有細菌繁殖，也依然能夠導致動物死亡。這似乎能證明是細菌造成了炭疽病，但其他科學家用類似的辦法並沒有得到柯霍的結果。

巴斯德總結了一下其他人的結果，他發現有一些人的實驗中，動物在沒有出現炭疽症狀之前就死了，這些人用的是死於炭疽病二十四小時以上的羊的血液進行實驗，他知道炭疽菌在缺氧的環境下會死亡，那麼就說明血液中有另外一種厭氧菌的存在，從而導致動物死亡。巴斯德從得炭疽的動物身上按不同的時間來取樣做實驗，證實了他的假設。

接下來巴斯德要弄清楚動物是怎麼得炭疽的。柯霍證明炭疽菌孢子在體外可以存活好幾年，但給動物餵帶有這種炭疽菌孢子的食物，有的動物得病，有的不得病。巴斯德在重複這個實驗時發現那些得病的動物都吃了多刺的植物，於是他推斷因為動物口腔裡有破損，所以細菌通過血液進入動物體內。

那麼，炭疽孢子到底是從哪裡來的？

他瞭解到死於炭疽的動物都被埋了，而且埋得很深，不可能被動物接觸到。於是他就到埋那些動物的地方去觀察，發現那裡有蚯蚓，他把蚯蚓拿回來檢測，發現蚯蚓身上帶有炭疽菌。他推斷是蚯蚓使得土壤中含有炭疽菌，根據這個結論，他建議把死於炭疽的動物屍體焚燒掉。

柯霍建立了方法，巴斯德將其用在實際中，解決了具體問題。從科學上講，柯霍的成就巨大，但對於法國農業來說，巴斯德的貢獻是不可估量的。

願望是良好的

在對抗疾病的問題上，巴斯德之所以從預防的角度著手，是因為他的兩個孩子先後死於傷寒。巴斯德不懈地尋求不得病的辦法，尤其是不得傳染病的方法，有了這樣的方法，其他的孩子就不會夭折。通過不斷的研究，巴斯德對於對抗傳染病有了自己的辦法：清潔。他認為只要接觸不到致病原，人就不會得病了。落實到炭疽也一樣，如果動物接觸不到炭疽菌孢子，就不會得炭疽。

形成了這樣的認識後，巴斯德有了潔癖，和人握手後必須馬上洗手，後來乾脆不和別人握手了，他認為傳染病是通過人的手傳播的。誰要是邀請他去吃飯，他要把人家所有的盤子都仔細看一遍，結果經常還是認為不乾淨而不吃東西。對於巴斯德來說，最髒的地方是醫院，因為那裡有無數的病人帶著無數的病菌，連那裡的空氣都是致病的。每次經過醫院附近，他都要求家人捂住口鼻以避免吸入醫院傳來的空氣。

巴斯德感覺到光靠清潔消毒還不夠，細菌無處不在，人類是不可能徹底和細菌隔絕的，必須用另外一種辦法，讓人類具有抵抗細菌的能力。於是，他想到了琴納。

八十年過去了，琴納的牛痘苗還是一枝獨秀，還是那麼讓人覺得深不可測，沒有人知道它為什麼有效，是怎麼達到預防天花的效果的。用琴納自己的話說，醫學家們還像在漆黑的坑道中的礦工一樣，在黑暗中摸索著。琴納的幸運之處，是他找到了牛痘這個天花的近親，但是其他傳染病並沒有這種近親，因此琴納的辦法是無法複製的。

巴斯德一直有用琴納的辦法對抗傳染病的念頭，在研究炭疽時他又發現那些得了溫和的炭疽的動物能夠恢復過來，說明傳染病是有可能進行預防的。但他一直不知道從何入手，直到開始研究雞霍亂。雞霍亂一旦流行，幾天之內整個雞群百分之九十的雞都會死亡。一位獸醫發現感染了霍亂的雞血液中有細菌，便請巴斯德幫忙。巴斯德經過研究，發現老鼠是傳播這種細菌的中間宿主，下一步就是要找到預防的辦法。

一八七九年，巴斯德的助手埃米爾・魯克斯（Pierre-Paul-Emile Roux）用讓細菌暴露在空氣中的辦法培養出了一種毒力低的雞霍亂菌培養液，給雞注射這種培養液，雞不會患雞霍亂，再給注射過低毒雞霍亂菌的雞注射毒力強的培養液時，雞還是不會得雞霍亂。這樣一來，用不著像琴納那樣要給人傳染病找個近親，而是通過對細菌進行減毒，再用其激發人體的免疫系統，達到預防疾病的目的。用這種辦法，他們征服了雞霍亂，巴斯德把這種辦法叫做疫苗「Vaccine」，以紀念琴納的牛痘苗。

在成功地研究出第一個現代疫苗後，巴斯德重新回到炭疽的研究上。預防炭疽要比預防雞霍亂有意義多了，因為人也會得炭疽，牲畜如果不得炭疽病，人也就不會感染炭疽了。

但是，暴露於空氣對炭疽菌的毒力沒有影響。巴斯德團隊試驗了不同的辦法，終於，尚伯朗（Charles E. Chamberland）發現在某種特殊的溫度下，炭疽菌就不會形成孢子，這樣毒力會減弱。用這樣的炭疽菌給羊接種，羊會得一次溫和的炭疽病，待羊從炭疽病中恢復過來後，再用強毒的炭疽菌給羊接種，羊也不會發病。巴斯德又發現，這種減毒的炭疽菌如果被乾燥的話，就會產生減毒的孢子，這種孢子容易生產和運輸。

一八八一年五月五日，巴斯德進行了一次大規模的公開試驗，給二十四隻羊、六頭牛和一隻山羊接種了炭疽疫苗，另外一組同樣數目的動物作為對照組。五月三十一日，給所有的動物注射強毒炭疽菌，巴斯德預測，所有接種疫苗的動物都會存活，所有未接種疫苗的動物都會死亡。

巴斯德的預測在別人的耳朵裡，是十足的大話，他的敵人更不相信他，認為其中肯定有什麼貓膩。他的一位宿敵認定巴斯德會等細菌都沉到試管底部後，把沒有什麼毒力的試管上部的液體給接種過疫苗的動物注射，把底部毒力強的液體給未接種過疫苗的動物注射，因此要求在接種之前搖一搖試管。另外一位要求給動物接種致死劑量的兩倍的細菌培養液。巴斯德想都沒想，下令加大到三倍劑量。

注射完後，巴斯德回到家中，等得越來越焦慮，由於這次試驗關係到他的榮譽，讓他坐立不安，要靠妻子的安慰才能平靜下來。

六月二日，收到電報，試驗非常成功。巴斯德來到試驗現場，發現接種過疫苗的動物無一死亡，沒有接種過疫苗的動物紛紛死去。在預防傳染病上，巴斯德登上了個人的頂峰。

這個消息馬上傳播到歐洲各地，巴斯德的助手們日夜加班製備炭疽疫苗，兩周之內接種了兩萬隻羊。由於需求量太大，趕製匆忙，一些疫苗沒達到標準，毒力不夠或者太強，部分動物接種過疫苗後還是死於炭疽病，獸醫和農民開始質疑科學家。後來，對生產過程進行了改進後，這些問題消失了。巴斯德再一次成為英雄，在他的馬車經過時，常常有人脫帽歡呼：巴斯德萬歲，您救了我的牛。

雖然關鍵環節是由魯克斯和尚伯朗發現的，但巴斯德認為他們是自己的手下，因此功勞是自己的，魯克斯和尚伯朗對此也認可，一直對巴斯德很忠誠。法國政府為此授予巴斯德榮譽軍團大勳章時，巴斯德要求政府先授予魯克斯和尚伯朗榮譽軍團紅十字勳章，他才接受大勳章，算是肯定了兩個人的貢獻。

巴斯德除了解決雞霍亂、炭疽病，還研究了如何解決醫院內感染的問題。讓巴斯德介入這個領域的主要原因是他的弟子和主要助手魯克斯的妻子死於產褥熱。

歷史上，產褥熱最盛行的地方是著名的巴黎聖母院。

文明的前進靠的是科學技術，但是科學技術的發展是一個長期的過程，一開始並不一定引起社會的進步、改善人們的生活，有些時候還會導致無法預料的副作用和後果。現代醫學也一樣，在它的發展過程中出現了很多這樣的事情，這是因為醫學是一個系統工程，常常某一個領域領先了，可是其他領域跟不上，結果適得其反，產褥熱就是一個典型的例子。

產褥熱是婦女產後出現的感染，這是一個很古老的疾病。早在古希臘時，希波克拉底就記載過這種疾病。但那時，這種病一直是偶然發生的，直到十七世紀後，這種病才從偶然出現變成常見病。最早大規模的爆發是在巴黎的神舍，這是巴黎最大也最窮的醫院。

神舍於十七世紀初創建於巴黎聖母院的一翼，是一所給窮人提供醫療服務的教會醫院，不管多窮的病人，神舍都收。因為巴黎的窮人太多，很快神舍就擁擠不堪，擴張到塞納河兩岸，用一座橋連接起來。一六二六年橋上蓋了一座兩層的建築，這就是世界上第一個產房，之前產婦全是在自己家生孩子。

在自己家生孩子，不管接生婆的水準如何，都會冒很大的風險，有很多產婦死於分娩，胎兒也經常夭折。現代醫學的進步從本質上來說是要為民眾提供有保障的服務，在醫院生孩子，一旦出現意外，醫護人員可以及時採取措施，死於分娩的機率會小很多，胎兒也安全多了。神舍蓋產房的出發點是非常科學的，因為產婦不是生病的患者，讓她們和病人在一塊兒，會增加她們生病的機率，單獨建一個產房，不就等於和疾病隔離了嗎？這種辦法在其後兩百年被歐洲其他國家仿效，在醫院生孩子漸漸成為人們認可的方式，這是現代醫學的一大進步，大大地降低了嬰兒死亡率。正是因為嬰兒死亡率不斷降低，人類的平均壽命才得以大幅度提高。

關於人均壽命，有一個很大的誤區，就是以活著的人的歲數作為標準，例如有人說明朝、清朝的人壽命長，因為七、八十歲的人多了，還有所謂的長壽之鄉，就因為那裡的百歲老人多。但其實人均壽命是根據人死的時候的年齡算出來的，比如某個鄉鎮今年死了一百人，把他們的歲數加起來除以一百，就是這個鎮子的人均壽命。就拿那些所謂的長壽之鄉來說吧，多是山高嶺險的地方，百歲老人是有幾個，可是孩子生下來先死了一兩成，少年人經常有因為感冒肺炎就送命的，青壯年人經常出現掉落山澗裡找不到屍首的，科學辦法算下來，人均壽命非常低。提高人均壽命的最好辦法，不是靠什麼養生延年，而是靠降低嬰幼兒死亡率，因為如果生下來就死的話，壽命最多算一歲，和另外一位九十九歲的一平均，壽命是五十歲。要達到人均壽命七十歲，每死一個嬰兒，得有一位老人活到一百四十歲。可是如果救活了這個孩子，哪怕他只活到四十一歲，和九十九歲的一平均，平均壽命就是七十歲，一個人活到四十一歲，要比活到一百四十歲容易得多。

建立產房在十七世紀初是非常先進的科學理念和實踐，可惜，科學的辦法不一定能達到預期的效果，神舍產房建立了二十年後，便出現了世界上第一次產褥熱流行。

紳士的手是乾淨的

由於神舍是免費的教會醫院，產婦太多，導致即便是按十七世紀的標準，產房的條件也很差。產婦兩到六個緊挨著躺在大床上。這些產婦基本上身無分文，大多數是妓女，在快臨盆的時候來到神舍，經過檢查後被安排到河對面的產房裡準備生產。那裡還有生完孩子的產婦，孩子和產婦們一起睡在大床上，經常發生產婦翻身壓死孩子的現象。醫生們經常帶著學生來給產婦們做檢查，同時授課，在接觸病人身體時沒有人洗手。

那時候人連澡都不洗，怎麼可能洗手？這種情況直到一七九三年美國費城黃熱病大流行時才改變，因為當時人們不知道病毒是蚊子傳播的，一時間說什麼的都有，大家認為不講衛生是引起黃熱病的原因之一，才開始注意清潔。類似的情況也發生在中國，一九一一年東三省大鼠疫就是中國人講求衛生的開始。

當年巴黎人把什麼東西都倒進塞納河，又從塞納河裡面取水飲用和作為其他用途。

神舍產房的床單很少換洗，到處是蝨子和蒼蠅，產房沒有手術室，醫生就在大產房裡動手術。

產婦通常在分娩後一到兩天得產褥熱，最先的症狀是腹瀉和腹痛，病程發展很快，幾小時後就出現嚴重症狀和高燒，腹部腫大。在神舍產房，沒有額外的隔離措施，只是把這些得病的產婦放在大房間的另一端。這邊得病的產婦大哭大叫，那邊健康的孕婦等待分娩。醫生用各種方法治療產褥熱，沒有一個有效的，只好給她們鴉片止痛，然後祈禱和等待，有些病人恢復過來，但大多數病人還是死亡。

一六四六年的第一場產褥熱流行，使得很多產婦在短短幾周內就死亡了，其中也包括了一些神舍的修女。雖然引起了一定的恐慌，但窮產婦還是絡繹不絕地上門，因為對於她們來說，這是平生唯一能夠獲得幾周的休息和熱食的機會，她們願意冒著得病的危險。院方認為產褥熱和神舍的位置有關，因為在位於二樓的產房下面有一個手術室，他們認為是傷口裡面釋放的有毒蒸氣導致了產褥熱，比如腐肉產生的瘴氣。解剖死亡產婦屍體時，屍體因為細菌繁殖出現非常難聞的氣味，讓他們更為相信這個理論。也有的醫生認為是殘留在子宮內的胎盤或者某種和乳汁有關的腫瘤造成了死亡。

各種理論都無法得到證實，也沒有治療辦法。產褥熱的爆發往往突然出現，也突然消失，然後在幾年後再次爆發，之後就變得年年出現，夏天出現的次數多，冬天出現的次數少。繼巴黎之後在其他地區也出現了產褥熱。一七五〇年里昂的產房出現產褥熱，一七六〇年出現在倫敦，一七六三年又出現在都柏林，然後快速傳播，東到維也納，西到美國。一七七二年大流行中，五分之一的產婦死亡。一七七三年在蘇格蘭愛丁堡皇家療養院，幾乎所有的產婦都得了產褥熱，而且無一倖存。

皇家療養院的楊醫生決定為產婦做點什麼，在眼睜睜地看著他負責的六個產婦很快去世後，他清理並關閉了產房，下令把床墊、枕頭和被單都燒了，用煙燻產房，白天開窗給產房通氣，如果出現產褥熱的話就在產房裡點燃炸藥消毒。他這樣做，是基於瘴氣的理論，用這些辦法把壞空氣清理掉。後來在費城黃熱病大流行中也採取這些辦法，運送大炮到城裡的各個街角去放炮。楊醫生確認產房被清理乾淨後，再下令刷洗房間，重新粉刷牆壁，換上新的床單，然後再讓病人住進來。靠著這些辦法，產褥熱消失了。楊醫生的辦法在一段時間內被人們所忽視，直到十九世紀中葉才成為各地產房的標準辦法。出現產褥熱的病房經常被關閉和清理，這樣可以使得產褥熱消失，但不久又重新出現。如果產褥熱流行太嚴重的話，醫院通常乾脆把產房燒了，重新建一個。

但關於產褥熱的許多問題還是沒有被解答。為什麼只有產婦才患病？為什麼在有的醫院出現而在有的醫院不出現？即便在同一所醫院，也會出現有的產房嚴重，有的產房不嚴重的現象。即便在同一間產房，有的產婦患病，有的產婦一點兒事都沒有。最關鍵的是，這種病為什麼只在醫院這個最先進的醫療護理場所出現，而在家分娩的產婦基本上不患產褥熱？

在第一次產褥熱流行出現後兩百年內，醫學界一直沒能發現原因和治療辦法，各種論斷相繼出現，包括自發學說，由產婦不衛生造成，由飲食習慣造成，或者由於未婚先孕造成，等等。在這種情況下，唯一的辦法就是給有症狀的產婦吃鴉片了。

對於醫生來說，產褥熱造成的精神壓力非常大。一八四〇年費城的魯特醫生在一年中經歷了四十五例產褥熱病患後，離開城市，把自己的衣服全燒了，把頭髮和鬍子全刮乾淨，剪短了指甲，可是回到費城後，他接生的下一名產婦還是得了產褥熱。

魯特醫生雖然沒有成功地預防產褥熱，但他給了另外一位名叫奧利維・霍姆斯（Oliver Holmes）的年輕的醫生以啟示。奧利維・霍姆斯醫生成為哈佛大學解剖學和生理學教授的時候才三十出頭。

當時美國的醫學水準遠不如歐洲國家，最好的醫生都去法國進修留學，因此美國醫學界的主流在很大程度上受法國醫學的影響，他們認為疾病是一種自然過程，對付疾病要以觀察為主，不要奢望把病人治好。

和其他醫生不一樣，霍姆斯雖然也在法國留過學，但他認為疾病是可以戰勝的。一八四三年他發表文章，認為產褥熱是以醫生和護士為媒介從一個產婦傳給另外一個產婦的。除了當醫生和教授外，霍姆斯喜愛文學，頗有文采，文章寫得非常好。他不斷地發表文章，用講故事的方式描述醫生和護士們是怎麼傳播產褥熱的，並提出建議，要醫護人員多洗手，尤其是解剖屍體後；出現產褥熱後的幾周內產房不要接收新產婦，如果短期內出現兩例產褥熱的話就徹底關閉該產房一個月。

他的建議遭到美國所有婦產科醫生的反對，著名的婦產科醫生查爾斯．梅格斯（Charles Meigs）是這樣回答的：「醫生是紳士，紳士的手是乾淨的。」

消毒

在維也納綜合醫院，一位叫伊格納茨．塞梅爾魏斯 (Ignac Semmelweis) 的醫生也在關注產褥熱。他所在的醫院是當時世界上最大的婦產科醫院之一，在這裡，產房分兩區，一區由醫生和醫學生負責，二區由助產士負責。按理說大家都應該選擇一區，因為受過正規教育的醫護人員要比助產士的水準高多了，可是維也納人都知道，到綜合醫院生孩子一定要避免去一區，因為那裡有產褥熱。塞梅爾魏斯想知道這到底是為什麼。

綜合醫院有很完整的病例紀錄，塞梅爾魏斯查了一下，果真如此：從一八四一年到一八五六年，死在一區的產婦數量是二區的三倍，造成這個情況的正是產褥熱。對於這一現象，那些傳統的說法，比如過於擁擠、醫療水準不足等等都無法解釋，因為二區的各種條件都比一區差得多。塞梅爾魏斯開始解剖死亡產婦的屍體，希望能找到原因。就在這時，他的一位同事在解剖屍體的時候切破了手，然後出現產褥熱症狀，幾天後死亡。因此，塞梅爾魏斯認為，因為一區的醫生們經常解剖死亡產婦的屍體，然後去接生，正是這個途徑傳播了產褥熱。雖然他不知道是什麼東西造成了產褥熱，但他相信肯定有一種東西存在著。

當時醫護人員沒有戴手套換衣服的習慣，塞梅爾魏斯認為產褥熱是通過手傳播的，於是他要求自己的學生在解剖後和接生前洗手，結果發現他們為之接生的產婦得產褥熱的比例顯著下降。很快綜合醫院採用了塞梅爾魏斯的辦法，幾年後一區的產婦死亡數量低於二區，孕婦們開始選擇到一區生孩子。一八六一年塞梅爾魏斯發表了他的見解，並大力推廣，結果引起很多同行的反對，為此，他得了憂鬱症，一八六五年被送進維也納一所心理醫院，兩周後自殺身亡。

有霍姆斯和塞梅爾魏斯在前，巴斯德認定產褥熱是由細菌引起的。巴斯德對產褥熱感興趣後，還是採取以前的辦法，先到醫院去觀察，用顯微鏡一下子就發現有大量細菌存在於病人身上和醫生的手上。很多醫生不相信巴斯德的發現，氣得巴斯德恨不能強迫他們看看顯微鏡下面是什麼。

巴斯德開始進行一場清潔醫院的行動，他建議醫生進行消毒和洗手，但不少醫生拒絕這樣做，同意做的又不得其法，巴斯德親眼看到一位著名的醫生洗完手後再用髒毛巾把手擦乾。很多醫生很瞧不起巴斯德，認為他就是一個化學家，甚至有一位醫生有意讓病人的傷口感染，希望證明消毒並不管用。

不僅產婦生孩子的過程中會感染產褥熱，而且只要出現創傷，需要進行手術時，人都有很大的機率死於感染，在戰場上尤其如此。比如美國內戰時南軍的著名將領石牆傑克森在截肢後一開始狀態很好，不久出現感染，最後死於感染，他的死也改變了南北戰爭的戰局。這並不算意外，因為當時截肢後死於感染的可能性高達百分之八十。

到一八七〇年之後，有很多人接受是細菌造成了感染這一觀點，但接受歸接受，卻不知道怎麼預防，巴斯德的建議並不被廣泛接受。

一八七一年，英國維多利亞女王的腋窩出現囊腫，非常痛。這是一種細菌感染，如果任其發展下去，就會出現血液感染。皇家御醫對此很清楚，建議切除這個囊腫，問題是當時手術不論大小，都有出現嚴重感染的可能，那樣的話英國就得有新王登基了，御醫不敢貿然做手術，趕緊請帝國的名醫們前來會診。

應邀前來給女王會診的有約瑟夫・李斯特（Joseph Lister）醫生。他是一位外科醫生，本來以為憑藉一把手術刀可以治病救人，可是沒有想到不管他怎麼努力，大多數病人還是死於術後感染，他和其他外科醫生一樣不知道用什麼辦法來解決這個問題。

有一天，李斯特在報紙上讀到一則消息，當地一個小鎮的居民為了驅散難聞的污水氣味，開始往污水處理系統中加一種叫德國木餾油的煤焦油副產品，於是氣味消失了。李斯特知道巴斯德的研究成果，就把這兩件事聯繫起來，認為是腐敗的東西在發出難聞的味道，既然木餾油能夠除去污水的味道，也應該能夠除去傷口腐敗的臭氣，而臭氣在當時大多數醫生看來，是引起感染的原因。

李斯特開始在病人身上試用各種煤焦油副產品，發現苯酚的效果最好。在這期間，李斯特接受了巴斯德的細菌說，認定是細菌導致了感染。他瞭解到苯酚能夠殺死細菌，便開始用苯酚把手術室各個角落都清洗乾淨，包括手術用具，這樣一來術後感染率顯著下降，但還是不能徹底消除感染。他還將苯酚放到香水瓶中噴灑，連手術室的空氣也全是苯酚味道，這種做法使得李斯特成為當時世界上治癒率最高的外科醫生，所以才應邀參加了對女王的會診。

在給女王做手術時，李斯特將苯酚噴在傷口上消毒。這次手術非常成功，沒有出現任何術後感染現象，李斯特因此成為大英帝國第一位因為醫學方面的成就而被封爵的人。他的方法也被醫學界所普遍使用。李斯特為現代醫學帶來了革命性的變化。李斯特本人則把這一切歸功於巴斯德，他寫信給巴斯德，感謝他的細菌致病說讓自己有了這些發現。

欲善其事，先利其器

一八八一年八月，化學家出身的巴斯德代表法國出席在倫敦舉行的國際醫學大會。法國政府一八七四年獎勵給他一萬兩千法郎年薪，一八八三年增加到每年兩萬五千法郎。很多人勸身體一直不好的巴斯德退休，但巴斯德堅持研究下去，一方面是因為有很多人希望他為他們解除病痛，另一方面，德國的微生物學研究正在突飛猛進地發展，柯霍並沒有停留在發現炭疽菌上，他已經成為德國微生物學的領軍人物，這也給了巴斯德很大的壓力。

在微生物學這個領域中，雙方注定要有一場又一場的較量。

柯霍到了柏林後，有了自己的實驗室，也有了自己的一班人馬，得以隨心所欲地進行科學研究。

他大力支持李斯特和巴斯德的建議，呼籲用加熱的辦法對醫療儀器進行消毒，以殺死細菌。來到柏林後，他首先對自己分離純化細菌的辦法進行改進，尤其是細菌生長技術。牛淚液的辦法好是好，但總要養著牛，不是長久之計，當務之急是找到一種更為實用的培養細菌的辦法。

人們已經漸漸意識到，一種細菌導致一種疾病，而不是多種細菌聯合起作用。雖然這個認識存在了，但無法證實，因為細菌無處不在，如何分離出單一細菌是一個技術難題。有一天，柯霍把半個熟馬鈴薯忘在實驗室的桌子上了，結果上面長出了細菌。他正要扔掉，突然發現馬鈴薯的切口上有不同顏色的斑點。他取下一個斑點在顯微鏡下觀察，發現有很多細菌，而且都是一樣的，原來人們之所以無法解決單一細菌繁殖這個難題是因為用的是液體培養基。

但是，馬鈴薯不能作為培養細菌的固體培養基。因為培養基首先要加熱滅菌，保證沒有細菌之後才能加入分離的樣品，而馬鈴薯加熱後就成馬鈴薯泥了，必須找到一種加熱之後還能夠冷卻凝固的培養基。

柯霍手下有一位叫瓦爾特·赫斯（Walter Rudolf Hess）的研究人員，他是醫生出身，也參加過普法戰爭，來到柯霍實驗室是為了進行空氣純化的研究。當年當船醫的時候，赫斯在美國紐約遇見自己的妻子芬妮，到了柏林後，芬妮就在赫斯手下當技術員。赫斯在柯霍實驗室進行細菌培養基的研究，他遇到的問題是怎麼樣才能找到一種穩定的、不會在攝氏三十七度時融化的培養基。一八八一年夏天，在一次野餐時，赫斯發現妻子做的果醬加熱到攝氏三十七度時居然沒有融化，芬妮說這是從鄰居那裡學到的。鄰居來自印尼，她們家鄉的做法是往果醬裡面加從海藻裡提煉出來的瓊脂（洋菜）。

就這樣，柯霍實驗室用瓊脂做細菌培養基的固定材料，加在液體培養基中，能夠耐受高溫，在常溫下成為穩定的固體，而且其形狀不受微生物生長的影響，是非常理想的材料。有了材料之後，接下來要改進工具。柯霍的助手朱利斯·理查·佩特里（Julius Richard Petri）設計了玻璃小圓盤，有個蓋子，這樣就可以把瓊脂培養基放在裡面進行高溫消毒，這兩種東西一直沿用至今。柯霍和巴斯德不同，他不貪圖手下的成果，所以佩特里設計的培養皿就叫佩特里皿。

工欲善其事，必先利其器。有了瓊脂培養基和佩特里皿，柯霍就能夠繼續分離其他致病細菌。他的第一個目標是結核菌。

結核是一種非常古老的疾病，在新石器時代的人類遺骨上就發現過，在古埃及的木乃伊上也發現過。西元前兩千年左右，結核出現在亞洲，也出現在歐洲人到來之前的美洲大陸，說明這個病在人類中起碼有上萬年的歷史。由於無藥可用，在歐洲要靠國王來治療，在特定的時間內，國王要用手觸摸結核病人，人們認為這樣可以治好結核病。

結核當年是歐洲最厲害的殺手，每七個死人中就起碼有一個是被結核殺死的，有些時期甚至佔四分之一，以至於結核成為文學作品中不可缺少的一部分。幾乎每一部傳世的作品中都會出現這種情景：主人公不停地咳嗽，然後用手帕捂住嘴，打開手帕，看到上面的血跡。這是因為雖然結核會出現在身體的許多地方，但肺部是結核的主要攻擊對象，結核會慢慢地把健康的肺變成軟乳酪的樣子。由於結核在當時是不治之症，咳嗽出血就表明病人不久於人世了，就這樣，結核譜寫了很多永恆而悲慘的愛情故事。

人們對於結核因何而起一直不清楚，直到進入十九世紀後才有突破。為了診斷結核病，被稱為法國最偉大的醫生的勒內．雷奈克 (René Laennec) 發明了聽診器，這樣一來醫生們有了診斷結核病的辦法，雷奈克則因為長期接觸結核病人而被感染，死時年僅四十五歲。

雷奈克的同事霍姆斯在巴黎進修時的導師皮埃爾·查理斯·亞歷山大·路易將統計學引入醫學，用來研究結核和其他疾病。雷奈克的另外一位同事和好友加斯帕德·洛朗·培爾對結核病進行了分類。一八六五年，法國醫生尚·安東莞·維勒曼將人的結核組織給兔子接種，導致兔子患結核，因此證明結核是一種傳染病。

維勒曼的發現並沒有被醫學界所重視，直到柯霍開始研究結核。柯霍讀了維勒曼的論文，立刻斷定結核是由細菌引起的。他來到柏林夏洛蒂醫院的病房裡研究結核病，和植物生理研究所所長斐迪南·科恩成為好友，兩人一起研究組織培養方法。

也是在這時候，染色被引進微生物學研究。

一種細菌等於一種疾病

一七九二年，煤氣燈出現後取代了蠟燭，煤氣生產一下子成為大工業，也因此出現了煤焦油這東西。煤焦油越來越多，就有人產生了變廢為寶的念頭，通過加熱和提煉，從煤焦油裡面提取出各種新的化合物。李斯特瞭解到的德國木餾油——他用於消毒的苯酚就是這類化合物，化學工業就是從提煉煤焦油開始的，這些含碳的化合物很快被用在各個方面。

一八五六年，十八歲的英國化學專業學生威廉・哈威・帕金（William Henry Perkin）有一個想法，因為治療瘧疾的奎寧只在南美才有，他想試試能否從煤焦油中提煉出人造奎寧。多次實驗後，他也沒有成功，但是有一個意外的收穫。他發現在一個瓶子底部有黑色的沉澱，溶解後出現漂亮的紫色，而且可以使絲綢著色。這是人類發現的第一種化學染色劑。一八六二年皇家博覽會上，維多利亞女王穿了一件這種紫色的絲裙，引起了國際上的轟動，化學染色劑一下子火爆起來。

法國很快也開始進行化學染料的研製和生產，和英國打起了專利戰，德國也擠了進來。德國作為後起之秀，沒有英法那麼多的殖民地，資源也有限，煤礦倒有的是，而且德國的化學水準很高，因此在化學染料工業上很快超過了英、法。特別是英、法將化學染色定位在奢侈品上，德國則認為這是提升自己國際地位的一個好機會，於是以科學為手段和英法競爭，走大眾路線。德國建立了世界一流的大學，將大學和工業密切地聯繫在一起，政府大力鼓勵創新和出口，很快巨型的煤焦油工業就在德國建立起來。

德國科學家保羅・埃爾利希（Paul Ehrlich）出生在一個猶太家庭，他本人興趣廣泛，對醫學、細菌學和化學都有濃厚的興趣，化學染料就成了把這三個領域聯繫起來的紐帶。因為當時顯微鏡已經成為醫學和細菌學研究的主要工具，但在顯微鏡下，一切都是透明的，很難辨別組織細胞和細菌的結構。埃爾利希將化學染料用在組織樣本的染色上，發現不同的染料對於組織細胞和細菌的著色不同，用化學染料可以讓顯微鏡下透明的樣本變得有顏色，能夠根據顏色加以分辨。他的博士論文就是有關動物組織的染色。

一八八二年埃爾利希發表了論文，但在此之前柯霍已經將化學染料用在結核樣本的染色上。一八八一年八月十八日，柯霍用亞甲基藍對結核組織進行染色，看到了細菌的結構，但他並不能確定這是真的細菌，還是由於染色導致的。為了加強對比，他加入了俾斯麥棕，並改變染色液的鹼濃度，使得細菌的存在被確定下來。

經過多次實驗，柯霍終於在三十七攝氏度的血清中培養成功結核菌，然後將之給兔子接種，兔子很快死於典型的結核病。一八八二年三月二十四日，柯霍發表了自己的發現。一百年後，這一天被定為世界結核日。結核菌的發現，和之前發現炭疽菌不一樣，在微生物學的歷史上占有重要的地位，因為這是第一種被培養成功的人類重大傳染病的病原菌，柯霍因此和巴斯德並列為微生物學的奠基人。

他證明了一種細菌等於一種疾病。

到這時候為止，巴斯德和柯霍走的是兩條不同的道路。巴斯德走的是實用路線，他從法國經濟民生的實際需要出發，解決一個又一個的重大問題，從酒變酸到炭疽疫苗，都解決了具體問題，取得了巨大的經濟效益。柯霍則是走基礎研究，從科技強國的角度出發，注重在微生物學技術上的更新，用新的技術分離細菌，一個又一個地分離出病原菌，使得德國的微生物學水準後來居上。巴斯德的缺點是知其然但不知其所以然，解決了具體問題，但沒有發現其病原菌。而柯霍雖然發現了病原菌，但沒有找到預防或者控制其所引起的傳染病的辦法。

柯霍意識到了這一點，科學研究成果必須能夠應用，上次他分離出炭疽菌，結果炭疽疫苗讓巴斯德搞成功了，這一次他決定不能讓巴斯德再撿便宜，他要自己研究結核疫苗。一八九〇年，柯霍發明了結核菌素，這是從結核菌中提純出的蛋白，柯霍希望這種東西能夠成為結核疫苗，但是試用之後無效。後來奧地利科學家克萊門斯·馮·皮爾凱（Clemens von Pirquet）發現接種過馬血清或者牛痘苗的人對結核菌素有強烈的反應，因此提出了變態反應這個醫學概念。皮爾凱後來又發現感染過結核的人也有同樣的反應，因此發明了用結核菌素診斷是否被結核感染的檢測技術，其中PPD最為有效，一直沿用到今天。結核疫苗，也就是卡介苗，最終還是由法國人發明，被巴斯德研究所生產出來。

各擅其長

一八八三年，柯霍來到埃及的亞歷山大，和一組法國科學家一起研究霍亂。

「霍亂」這個詞自古有之，和鼠疫一樣，是現代醫學借用了中醫的名稱，中醫的霍亂指的是流行性腹瀉。十九世紀，因為通商的緣故，一種由霍亂弧菌（Vibrio cholerae）引起的、死亡率極高的急性腸道傳染病開始傳入中國，於是霍亂便專門指這種高傳染性疾病。從十九世紀開始到中共建政，霍亂在中國共計流行四十六次，其中十次為大流行，因此在中共建政後，霍亂在高傳染性疾病中排在鼠疫之後，被稱為二號病。

霍亂也是一種古老的疾病，但幾千年來一直局限在印度，定期造成大流行，從未傳播到印度之外的地方。一八一五年，印尼坦博拉火山爆發，造成霍亂弧菌爆發性活躍。次年霍亂出現在孟加拉，於一八二〇年傳遍印度全境，超過十萬英軍和數不清的印度平民死亡。後來波及中國和印尼，中國的江南地區死亡率達到人口的百分之八。這次霍亂大流行於一八二六年結束，此後霍亂一直在印度流行，從一八一六年到一八六〇年，估計一千五百萬印度人死於霍亂，從一八六五年到一九一七年，估計有兩千三百萬印度人死於霍亂。

第二次全球霍亂大流行從一八二九年開始，到一八五一年結束，從俄國開始，霍亂很快傳遍歐洲和埃及，然後是美洲。一八四九年，剛剛卸任不久的美國總統波爾克（James Knox Polk）死於霍亂。這場霍亂的大流行在各國殺死的人數動輒以十萬計，比如美國死了約十五萬人，墨西哥則死亡超過二十萬人。

第三次全球霍亂大流行從一八五二年開始，到一八六〇年結束，僅俄國就死了上百萬人，亞洲國家均受波及，中國還是達到疫區總人口百分之八的死亡率，日本僅東京一地就死了十萬到二十萬人，歐洲也一樣，西班牙在這場霍亂大流行中死亡將近二十四萬人。

第四次全球霍亂大流行從一八六一年開始，到一八七三年結束，主要波及非洲和歐洲，奧地利和義大利的死亡人數都在十萬以上。

第五次全球霍亂大流行於一八八一年開始，到一八九六年結束，是歐洲的最後一次霍亂大流行，在一八八三年到一八八七年間，就奪去了二十五萬人的性命。柯霍趕上的正是這場大流行，由於埃及歷來是霍亂流行的地方，所以他和那組法國科學家來到亞歷山大對霍亂進行研究。

在此之前，關於霍亂研究的突破是一八五四年英國醫生約翰·斯諾（John Snow）發現霍亂與飲用被污染的水有關，斯諾因此被稱為流行病學鼻祖之一。他發現當年在倫敦的兩次霍亂流行都和人們把糞便倒入河裡，再從河中取水飲用有關。斯諾的理論在當時並沒有被接受，但其後三十年間隨著微生物學的發展，歐洲各國開始對飲用水進行衛生處理，最後歐美各大城市終於消除了大規模霍亂的流行。

在亞歷山大，柯霍成功分離出霍亂弧菌，但並沒有進行實驗加以確定，後來人們發現義大利科學家菲利波．帕齊尼（Filippo Pacini）早在一八五四年就分離出了霍亂弧菌，但當年細菌致病說還沒有被人們接受，帕齊尼的發現徹底地被忽視了。柯霍確實對帕齊尼的發現一無所知，是獨立發現霍亂弧菌的，帕齊尼恰好死於一八八三年，科學界肯定了柯霍的發現後，也肯定了帕齊尼的發現。到一九六五年，霍亂弧菌的發現權徹底被歸於帕齊尼。

一八九〇年，柯霍出任新建的傳染病研究所所長，他馬上把埃爾利希招來。埃爾利希因為在研究中感染結核，在埃及休養了兩年才康復，隨後和好友埃米爾．阿道夫．馮．貝林（Emil Adolf von Behring）一起研究白喉抗毒素。馮．貝林發現感染了白喉的動物的血液中有抗毒素，這種抗毒素不能殺死細菌，但能中和細菌釋放的毒素。在埃爾利希的幫助下，他成功地發明了血清療法，使之成為第一種有效的傳染病治療手段。馮．貝林因此於一九〇一年獲得了第一屆諾貝爾生理學和醫學獎，但是這項工作不是他一個人的功勞，除了埃爾利希外，他還得到了在柯霍手下工作的日本人北里柴三郎的幫助。

巴斯德的助手魯克斯和其他一些科學家後來也都獨立研製出白喉抗毒素。

白喉抗毒素是埃爾利希取得的第一個重大研究成果，一八九七年，他在此基礎上提出了側鏈理論，並成為柯霍之後德國微生物學的領軍人物。

馮·貝林的白喉血清，為德國微生物界贏回了一局，現在他們不僅能夠發現病原菌，而且還能發明治療傳染病的辦法，壓倒了僅僅著眼於預防傳染病的巴斯德團隊。

這段時間巴斯德團隊把注意力放在狂犬病上。一八八五年七月，巴斯德用實驗階段的狂犬病疫苗救活了被瘋狗咬傷的九歲男孩約瑟夫·梅斯特，三個月後，又救活了被瘋狗咬傷的十五歲的尚－巴蒂斯特·瑞皮耶。這種疫苗有別於之前的疫苗，因為普遍接種狂犬病疫苗沒有實際意義，因此巴斯德研製出的疫苗是治療用的，採取在狂犬病病毒致命之前，用減毒的疫苗刺激出人體的免疫力，將人體內的狂犬病病毒殺死的辦法。這種疫苗實際上是一種生物藥物，激發人體本身的免疫功能，達到抗病去病的效果。

法國的疫苗接種和德國的血清療法的出現使得微生物學的研究達到了黃金時代輝煌的頂峰。在其後幾十年中，這兩種方法是對抗傳染病的主要手段，尤其是疫苗，直到今天，還是預防傳染病尤其是病毒性傳染病的唯一手段。

魔球的夢想

十九世紀是微生物學的黃金時代，原因之一是此時正是全球又一個傳染病活躍的時代，給了科學家們研究傳染病病原的絕佳機會。

微生物存在於我們這個世界的各個角落，絕對的無菌基本上是不可能的事，也是不必要的。致病的細菌是少數，大多數細菌對人類是無害的，很多還是有益的。人這種生物在設計上就是能夠在充滿微生物的環境中生存的，人的免疫功能就是幹這件事的，人的消化道也不是十分在乎吃進去多少細菌。和平時接觸細菌的次數、數量相比，人因細菌致病的機率其實很小，可為什麼細菌會在某個時刻成為人類生病的元兇呢？

舉個例子，中國有個吹風著涼的概念，很多人認為發燒是著涼引起的。其實這是一個錯誤的概念，生病是因為免疫功能下降造成的。病菌到處都是，我們接觸病菌的機會數不勝數，但只有免疫功能不強的人才會生病，因此防病治病就要從增強免疫功能下手，疫苗就是從這個角度出發而研製成功的。

從另一方面看，致病微生物的毒力也並非永遠一樣，尤其是那些劇毒的菌株。從生物生存的普遍規律來說，這類菌株是違反自然規律的，因為細菌的大量繁殖取決於有足夠的寄生宿主，像黑死病這樣把宿主殺死了一半，使細菌自己也沒有辦法大量繁殖，自然得走向滅絕。這是一種異常現象，不是細菌發展的自然現象，就像上文說的，是地球自我控制和調節的手段。

每一次高傳染性疾病出現，事先都會有異常現象。第一次和第二次人類鼠疫大流行發生在有史以來氣候最異常的四年中的兩個年頭；霍亂的全球化之前是坦博拉火山爆發，火山爆發後，全球氣候異常，即使是夏天，氣溫也不高，在美國有「沒有夏天的一年」之稱。

經過幾十年的研究和實踐，科學隔離的辦法成為預防高傳染性疾病的一個主要手段，尤其是對付新出現的高傳染性疾病。但是，隔離是對抗微生物的被動之舉，人類能否在疫苗、抗血清和隔離之外，找到能夠殺死微生物的藥物？

答案是能，這個答案來自魔球的夢想。

保羅．埃爾利希讓哥們兒貝林擺了一道，沒能與貝林共享第一屆諾貝爾生理學和醫學獎，不過他也犯不上為此大動肝火，馮．貝林就是那樣的人，也吞了一道研究破傷風抗毒素的北里柴三郎的功勞。再說，埃爾利希的才華和貢獻已得到了科學界的公認，一八九一年他成為柏林大學的教授，一八九六年主管血清研究中心，一八九九年出任法蘭克福實驗治療研究所所長，幾年後主持格奧爾格．斯派爾研究所，一九〇八年終於因為在血清學和免疫學領域的成就和梅契尼科夫（Ilya Ilyich Mechnikov）共享諾貝爾生理學和醫學獎。

功成名就之後，埃爾利希並沒有一絲的自滿，他還是吃得很少，每天吸二十五根菸，在能找到的所有的紙上都寫滿了字，如果找不到紙的話，就在實驗室的牆上寫，在工作服上寫，在桌布上寫。一次他發現一名清潔女工把他寫了字的桌布清洗了以後，就騙她說那桌布有毒，嚇得她再也不敢動他的東西了。

在別人眼中，埃爾利希是一個瘋子。在熟悉他的人眼中，埃爾利希只是過於沉浸在自己的夢想之中而已，那是一個很難實現的夢想。

「Zauberkugeln」。魔球。

埃爾利希從追隨柯霍開始就有了這樣一個夢想：研究出一種能夠在人體內只殺死微生物而對人體無害的藥物。別人不相信，可是埃爾利希相信，魔球會有的，而且他正為此進行著瘋狂的研究。

進入二十世紀後，能夠治療傳染病的藥物，依舊只有奎寧一枝獨秀，抗血清只是疫苗的副產品而已。奎寧是治療瘧疾的藥物，來自金雞納樹的樹皮，秘魯的印第安人一直用金雞納樹皮來治療由於溫度太低導致的發抖症狀。瘧疾的主要症狀就是發抖，俗稱打擺子。一六三一年金雞納樹皮在羅馬第一次被用在治療瘧疾上，一試之下很成功，於是這種樹皮成了秘魯出口歐洲最主要的產品。一七三七年，金雞納樹皮對瘧疾的治療作用被肯定，一八二〇年奎寧被分離成功。因為有了奎寧，歐洲殖民者得以成功地在瘧疾流行的西非建立殖民地。

奎寧是天然的藥物，屬於草藥之列，埃爾利希並不想把全世界的草根樹皮都篩選一遍，從中找到另外一個奎寧類的抗微生物藥物，而是延續他對染料的熱愛，希望從中找到一種合成化學藥物。

埃爾利希認為，實現這個夢想有四個先決條件：耐心、技能、金錢、運氣。

魔球還是魔彈？

埃爾利希自己有耐心，他和他的手下也具備了研製抗細菌藥物的技能，接下來就只缺金錢了。對於埃爾利希來說，這也不是問題。

從十九世紀初開始，在德國還沒有統一之前，德意志就開始了教育革命，其中心是教育科學化，一切從實驗出發，實驗室成為德國大學的重要組成部分。德國的大學畢業生不僅能夠成為優秀的研究人員，也成為高速發展的德國化學工業出色的研發人員。德國的教育改革非常成功，到第一次世界大戰之前，德國成為各國學子留學的聖地。約翰霍普金斯大學就是美國的第一所德國式大學，把德國的研究式大學引進美國，使得美國的醫學教育進入了現代化的行列，進而領先全球。

德國的大學和研究所擁有當時世界上最出色的人才，德國政府和企業界也在科學研究上花了血本，只要有好的想法，錢根本不是問題。

埃爾利希在研究細胞染色時發現染料對於不同的細胞是有選擇的，有些細胞被染色，有些細胞不被染色，因此他相信會有一種染料專門染色被微生物感染的細胞，這樣就能將之殺死。當時免疫抗體已經被發現，這是人體自身產生的抗感染化合物。在埃爾利希眼中，細胞就是一個小的化工廠，細胞能做到的，在體外用化合物一樣能實現。

他選擇昏睡病作為對象，這是非洲大陸南撒哈拉地區特有的由寄生蟲導致的傳染病，一九〇一年在烏干達發生的昏睡病大流行中，疫區三分之二的人被感染，二十五萬人死亡，正是這種病使得歐洲殖民者不敢深入南撒哈拉內陸。如果能找到對付昏睡病的辦法，德國在非洲的殖民事業會有非常大的進展，因此德國政府願意出資支持埃爾利希的研究。德國化學工業界也對此大力支持，因為埃爾利希是在染料中尋找治病的藥物，如果他成功了，將為德國化工業開闢一個新的賺錢的領域。赫希斯特（Hoechst）藥廠本來就和埃爾利希實驗室有合作關係，自然願意出資。錢有了，對於埃爾利希來說，他所需要的只是運氣而已。

埃爾利希聽說氨基苯砷酸鈉在實驗的小鼠身上治好了昏睡病，便開始以此為突破口進行實驗。但氨基苯砷酸鈉的毒性太大，因此埃爾利希就對其進行結構改變，試驗了上百種氨基苯砷酸鈉的變種，所有的變種都依次編號，到了四一八號的時候，埃爾利希對外宣佈，他找到了治療昏睡病的藥物。

可惜他高興得太早了，四一八號還是毒性太大，無法在人身上使用，埃爾利希團隊只好繼續埋頭研究。

昏睡病研究的一大問題是這個病過於兇險，用昏睡病動物做模型，很可能導致研究人員也得昏睡病，埃爾利希希望能找到一種毒性弱的替代模型。幾年前，德國的埃里希·霍夫曼（Erich Hoffmann）和弗里茨·紹丁（Fritz Schaudinn）分離出了梅毒螺旋體。梅毒和結核、麻瘋並列為三大慢性傳染病，是一種性病，它是原生於美洲大陸的疾病，被哥倫布遠航隊帶回歐洲，出現變異後開始大流行，第一次流行就導致全歐超過五百萬人死亡。埃爾利希認為梅毒螺旋體和昏睡病的病原體相似，可以用梅毒來進行昏睡病的研究。這個假設後來被證明是錯誤的。

埃爾利希發現梅毒螺旋體能夠感染實驗動物，就讓他的助手、出自北里門下的秦佐八郎把所有的化合物在梅毒模型上重新測試一下。一九〇九年，秦佐八郎發現六〇六號不能治昏睡病，但能治梅毒。一九一〇年，他們宣佈了這個發現。

對於歐洲人來說，梅毒要比昏睡病可怕多了，在此之前，能治療梅毒的只有水銀，梅毒是歐洲人四百多年來的一個噩夢。這樣一來，雖然不能為德國的殖民事業做貢獻，但對於化學工業來說，這個發現無疑是一個聚寶盆。

埃爾利希實驗室製備出大量的六〇六，供醫生們在病人身上做試驗，結果不錯，赫希斯特藥廠很快以「撒爾佛散（Salvarsan）」為名銷售這種藥物。

撒爾佛散開創了合成藥物的領域，是一項領先於時代的研究成果。但埃爾利希並不滿意，因為撒爾佛散不符合他的魔球標準，這種藥毒性還是太大，只能一周用一次，而且不能肌肉注射，因為會導致肌肉損傷，只能進行靜脈注射。注射撒爾佛散時人很疼很癢，還會傷害肝臟，長期使用有生命危險，一些病人因此而死，很多病人被副作用嚇怕了，拒絕完成療程。埃爾利希馬上開始研究毒性減弱的類似化合物，很快就有了新的發現，一九一二年「非撒爾佛散」上市。

對於埃爾利希的藥物，人們是這樣評價的：等於員警在人群中向罪犯開槍，打死一個，傷及很多無辜，這種東西不是魔球而是魔彈。

不管怎麼說，合成藥物的時代來臨了，赫希斯特藥廠因為這個藥成為德國最大的藥廠，這個藥也為埃爾利希贏得了身後的名聲。

埃爾利希在此之後研究的所有藥物都失敗了，他始終沒有找到心中的魔球。由於撒爾佛散的副作用和毒性，很多醫生指責他，埃爾利希為此而酗酒，一九一五年死於心臟病，葬於法蘭克福猶太人墓地，他的墓地後來被納粹所毀。

秦佐八郎回到日本後，幫助創立並執掌北里大學。

埃爾利希死的時候，第一次世界大戰正打得昏天黑地，正是這場大戰結束了微生物學的黃金時代，使微生物學進入了收穫的季節。

前方叫急

和活躍的傳染病一樣，戰爭在世界各地不斷地爆發。一八九九年，第二次波耳戰爭打響了。在這場戰爭中，英軍大部分傷亡不是因為作戰，而是生病，僅死於傷寒等疾病的就有一萬五千人，是死於波耳人之手的士兵的兩倍。

傷寒是沙門氏菌引起的疾病，一直是常見的傳染病。巴斯德的兩個女兒就是死於傷寒，導致他畢生專注於對抗傳染病，為的就是不讓更多的孩子死於傷寒。但直到他去世，人們對傷寒還是毫無辦法。

十九世紀末，美國芝加哥每十萬人中就有六十五人死於傷寒，最嚴重時的一八九一年，達到每十萬人死亡一百七十四人。最有名的人物是「傷寒瑪麗（Typhoid Mary）」，她是紐約的一名廚師，此人是天生的傷寒菌攜帶者，導致多次傷寒流行，直到被終生隔離。

一八八〇年，卡爾·約瑟夫·艾博斯發現傷寒桿菌（Salmonella enterica serovar Typhi），四年後格奧爾格·噶夫克證實了這個發現。第二次波耳戰爭開始後，軍中有人建議對英軍全軍進行傷寒疫苗的接種。

此人叫奧姆羅斯·賴特（Almroth Wright），是大英帝國的一位軍醫，曾受教於埃爾利希，專門從事疫苗研究，一八九七年，他研製出傷寒疫苗。得知帝國再度用兵南非後，賴特向軍方高層建議給全軍接種傷寒疫苗，這個建議被將軍們拒絕了，因為賴特的疫苗沒有經過臨床驗證，這等於讓皇家軍隊當試驗用的白老鼠，一旦出現副作用，軍隊就會大量減員。

遠征波耳的部隊沒有接種賴特的疫苗，結果大批人得傷寒而死。賴特爭取到給駐紮在印度的英軍接種他的傷寒疫苗的機會，獲得成功。賴特公開指責軍方拒絕接種他的疫苗，導致大量軍人死亡。這件事公開了，他也無法再在軍中待下去了。一九〇二年他辭去軍職，到聖瑪麗醫院建立了一個疫苗研究實驗室，幾年後因為在傷寒疫苗上的成就受封爵士，成為英國最出色的細菌學家。

第一次世界大戰開始後，戰爭很快打成了僵持的局面，前線傷亡慘重，臨時醫院裡住滿了傷兵，讓從來沒有見過這麼大傷亡的各國軍隊醫療系統陷入一片混亂。英軍雖然在這方面要比其他國家的軍隊好一點兒，但也一樣叫苦不迭，尤其是人手不足，只能緊急徵召醫療人員。

被認為是英國最好的細菌學家的賴特已經五十多歲了，一戰開始後，他又犯了老毛病，在各種場合攻擊英國軍方沒有做好醫療保障工作，用野蠻人的衛生水準去應付這場現代化戰爭。賴特爵士對軍方的批評其實有些苛求了，英國遠征軍本著速戰速決的原則，認為這場戰爭很快就會結束的，這樣一來對傷亡的情況就嚴重估計不足。和其他國家的軍隊相比，英國遠征軍的醫療服務還算不錯的，在前線設立救護站，將傷患快速處理包紮後火速送到後方醫院，在那裡傷患得到最大可能的治療，然後被送回英國進行最後的康復，布洛涅的第十三綜合醫院就是後方醫院之一。

從理論上講，第十三綜合醫院應該算是一座現代化醫療中心，醫院是由鎮上的賭場改造的，裝備很先進，衛生條件也很好，護士的數量很多，醫生也是帝國最出色的，可是傷患還是大量地死亡。

原因只有一個：感染。

從石牆傑克森到一戰，半個世紀了，戰地醫院在傷口感染的問題上一點兒進展都沒有。儘管傷患們得到了第一流的醫療服務，但還是大批大批地死亡，死於感染的軍人比死在敵人槍彈下的多得多。

軍方知道是細菌引起的感染，可是束手無策，只好厚著臉皮又去找賴特，希望這位英國最偉大的細菌學家能不計前嫌，幫助軍隊解決傷口細菌感染的問題。這一次，英軍吃一塹，長一智，都注射了賴特研製的傷寒疫苗，結果在第一次世界大戰中，英軍的傷寒病例可以忽略不計。

對於賴特能否出山，軍方心裡毫無把握，賴特本來就對軍方有成見，現在又因為傷寒疫苗而功成名就，自信得一塌糊塗，怎麼可能回到軍隊老老實實地服從命令聽指揮？但除了他，別人也解決不了細菌感染的難題。軍方咬牙，準備了一堆條件和待遇，沒想到愛國的賴特毫不猶豫地答應了，還把實驗室也搬到了布洛涅。

賴特在軍營裡還是在聖瑪麗醫院從事研究時那副德性，根本就不在乎軍容風紀，醫院裡的憲兵也拿他沒辦法。賴特有他的打算，他要利用來到法國的這個難得的機會，建立世界上第一個軍事醫學實驗室，以儘快解決創傷感染的問題。賴特很自信，認為做到這一點不難，借用他研製傷寒疫苗的方法，只要能夠找到是哪種細菌導致傷口感染，制出有針對性的菌苗，給士兵們注射，問題就解決了。

賴特的自信除了來自他在傷寒疫苗上的成功，還來自他的團隊。

消毒行不通

聖瑪麗的研究室在賴特的領導下，在疫苗研製和生產上取得了很多成果。賴特手下均是年輕才俊，其中兩位日後大放光彩。其一是時年三十三歲的亞歷山大．弗萊明（Alexander Fleming），弗萊明於一九〇三年進入聖瑪麗醫學院學習，幾年後來到賴特手下，一九〇八年成為講師，這次是以皇家陸軍醫療隊上尉身份參戰的。另外一位是比弗萊明小兩歲的雷納德．科爾布魯克（Leonard Colebrook），於一九〇七年投奔賴特。

賴特實驗室一向雷厲風行，尤其注重能夠自己動手、因陋就簡的能力。幾個禮拜後，他們就能夠在布洛涅進行一流的實驗了。這時是一九一四年秋天，他們用現有的菌苗挨個給傷患們接種，可是都不管用。幾個月過去了，賴特終於從速戰速決的一廂情願中清醒過來，意識到他和前線壕溝裡的將士們一樣，陷入持久戰了。意識到這一點後，賴特讓大家重新回到實驗室，從準確地發現造成感染的細菌開始，研究感染是怎麼開始的、怎麼進展的，身體是怎麼做出反應的。

如此靜下心來一研究，才發現他們從根本上就錯了。

在戰爭中研究戰爭，英軍做得不錯，第一次世界大戰的戰地醫療服務是根據在波耳戰爭中得到的經驗教訓準備的，比如接種傷寒疫苗，就接受了波耳戰爭的教訓，使得一戰期間英軍沒有幾個得傷寒的，但是在對付傷口感染上，將波耳戰爭中得到的成功經驗用在法國前線，就成了在錯誤的地點進行一場錯誤的戰爭。

早在波耳戰爭之時，英軍就意識到傷口感染的問題，並且將李斯特的手術消毒措施應用在戰地救護上，取得了非常出色的成績。醫生們用抗菌劑處理傷口，或者把抗菌膏塗在傷口上，對手術器械進行徹底消毒。這些辦法奏效了，波耳戰爭期間，英軍的傷口感染現象並不嚴重，這是現代化消毒在戰地救護中第一次顯示了它的威力，軍方醫療系統認為他們已經解決了這個問題。

但是，英軍將這個成功的經驗搬到法國前線後，卻根本無效。賴特總結了一下，發現這種方法只適用於南非。波耳戰爭的戰場環境很乾燥，戰場遍佈岩石，英軍主要被波耳人的毛瑟槍所傷，傷口整齊乾淨，用抗菌劑處理後再定期換藥就能夠避免傷口化膿。可是在法國前線就不一樣了，首先秋雨連綿，其次士兵大多為被炮彈的彈片所傷，炮彈著地後，彈片裹著泥土擊中士兵，傷患往往倒在水中，要等幾個小時才能得到救護。

法國前線根本不存在那種乾淨的傷口，賴特的手下在傷患們的傷口中發現了各種各樣的細菌，很多是存在於馬和牛的糞便之中的。受傷一兩天內，起碼有十幾種細菌在傷口裡大量繁殖，用抗菌劑根本無法徹底消毒。這些細菌中有很多是致命的，包括引起破傷風和氣性壞疽的細菌、金黃色葡萄球菌、鏈球菌等。由於傷患不能及時被送到醫院，等醫生處理傷口時，已經太晚了。細菌的種類太多，即便是複合菌苗也無法對抗所有的細菌，有那麼一兩回僥倖用對了菌苗，卻因為細菌的數量太多而無法成功。

第十三綜合醫院的大量傷兵給了賴特一個研究傷口感染的理想基地，研究人員們得以觀察壞疽性感染的自然過程。他們每天從傷兵的傷口中取樣，檢測細菌的種類和數量，測量在傷口不同部位的白血球的數量來衡量病人的免疫反應，把這些結果和病人的整體健康狀況相對應。

他們發現破傷風菌在三分之一的傷口中出現，鏈球菌在一半的傷口裡面出現，而引起壞疽的微生物在百分之九十的傷口中出現。這些感染始於沾滿泥土的衣服，彈片將衣服上的泥土帶進了傷口。他們把細菌樣品放入試管中，人為製造出傷口的深部感染的模型，然後用抗菌劑處理，發現大劑量的抗菌劑也無法殺死這些深處的細菌，也就是說，用給傷口消毒的辦法是不能阻止感染的。總會有一小部分細菌沒有被殺死，而且人體會很快將抗菌劑排出去。

更為嚴重的是，抗菌劑在殺死細菌的同時，也殺死了人的免疫細胞，導致局部免疫功能下降或者喪失，使得傷口的狀況更為惡劣。賴特計算過，如果想把傷口中的細菌都殺死，所用的抗菌劑劑量也足以把人殺死。

在這種情況下，賴特決定，放棄對症治療，改走調動人體抗菌能力的方法。

經過一番實驗，他們開始對外科醫生們進行指導。

當時外科手術的程序是做完手術後儘快把傷口縫合起來，賴特的研究表明，傷口最好不馬上縫合，這樣可以讓空氣把細菌殺死。當時還有一個程序是傷口縫合後每天換紗布以保持傷口的乾燥，賴特發現淋巴細胞在潮濕的環境中比較多，因此每天換紗布不僅很痛，而且會增加細菌感染的危險。他建議不要用乾紗布，而要用鹽水浸泡過的紗布，因為細菌不喜歡鹽。賴特還發明了一種新型包紮方法，既包紮了傷口，又能夠讓空氣流通。

但是，他面臨著一個問題。有些細菌能夠在空氣中生存，但造成壞疽的細菌則是厭氧的，需要在沒有空氣的地方生存，有空氣或者沒有空氣，都會有細菌繁殖。

正因為有大批的傷患可供觀察研究，賴特團隊有一個重大發現，就是感染有不同的階段。一開始，主要是鏈球菌和金黃色葡萄球菌這些喜歡氧氣的細菌在繁殖，這樣一來傷口裡的氧氣全被它們消耗乾淨了。但如果把傷口縫合包紮上的話，就為厭氧菌提供了一個絕好的繁殖環境。百分之七十的死亡是因為鏈球菌感染造成的，也就是說，如果能阻止鏈球菌感染，就能夠阻止大部分傷口感染。但是他們做不到，也不知道為什麼所有的菌苗對鏈球菌都無效，也沒有藥物能夠阻止鏈球菌感染的發展。縫上傷口，鏈球菌不長，可是壞疽出現了；打開傷口，壞疽不會出現，可是鏈球菌瘋長。這是一個兩難的處境，怎麼辦？

被戰爭改變了的人們

賴特只能在實踐中探索，他認為在兩者之間要把握得當。醫生們習慣少切除組織、盡可能把傷口縫嚴，而他在研究中發現細菌在損傷和死亡的組織中繁殖得快，因此他要求醫生們多切除傷口附近的組織，直到認定到了健康的部位為止，哪怕一直切除到骨頭。手術之後，先將傷口敞開幾天，到沒有發現感染時再縫上，也就是先消毒後縫合。

他反對手術後把病人馬上送回英國療養的做法，因為這段時間有可能出現感染，傷患需要待在同一個地方才能得到適當的治療，把這些帶著縫得死死的骯髒傷口的傷患送回英國等於送他們去地獄。

賴特很快發現，他很難說服外科醫生們按他的辦法做手術。這些外科醫生在戰前都不是軍醫，平時一下午也就做五、六個手術，到了法國一天要做三、四十個手術，已經累得昏頭昏腦了，加上他們的行規是傷口越小表明水準越高，切除的組織越少越自豪，再說他們對李斯特的殺菌法也很崇拜。而軍方則因為戰地醫院病床緊張，希望儘快把傷患送回英國，這樣戰地醫院才能夠應付源源不斷的傷患，如果採用賴特的辦法的話，是不可能治療所有的傷患的。

說話沒人聽，賴特非常沮喪，幾乎不想幹了，認為還不如拿槍上前線去和德國人拚命。醫院管理部門也很不爽，覺得賴特嘮嘮叨叨的太影響醫生們的工作了，向上級要求把賴特調回英國去。好在英軍醫療服務主管部門裡有人支持，讓賴特繼續在第十三綜合醫院待著。

等到戰爭越打越殘酷，傷患從以千計到以百萬計的時候，賴特的話就有人聽了，因為英國禁不起讓細菌感染殺死那麼多士兵了。

第一個改變是手術的時候多切除一些組織，外科醫生們按新規定，把傷口周圍四分之一英寸一道切除掉，然後進行抗菌處理。對此賴特表示歡迎，但依舊認為外科醫生們過度使用抗菌劑。

第一次世界大戰時的傷口處理在今天看來哪裡是治療，根本就是在行刑。一共分三個步驟：首先切開傷口，把傷口中的異物、壞死組織清理掉，其次用漂白劑和硼酸反覆清洗，最後天天檢查傷口裡是不是有細菌生長。截肢者要在手術結束後，每隔兩小時用抗菌劑洗十分鐘。那些抗菌劑比今天的洗衣粉還具刺激性，濺到床單上就會燒出洞來，感染嚴重的病人乾脆被放在橡膠床墊上。這種傷口處理方法並不能杜絕醫院中的細菌感染，但在沒有其他辦法的情況下，這種辦法有時候是有效的，不僅能夠避免很多二次截肢，也挽救了很多生命。

由於對傷口的細菌感染無能為力，賴特在一戰中一直非常不愉快。儘管四年中他從來沒有休息過，一直在尋找有效的辦法，他的整個團隊也處於精神崩潰的狀態，但就是沒有成功，賴特覺得自己是個徹底的失敗者。但是，對於英國軍方來說，賴特幫了大忙。在一戰中一共有將近兩百萬傷患被送進醫院，雖然其中五分之一死亡或者終身殘廢，但如果沒有賴特的研究，這個數字會大大提高。

戰爭結束了，當賴特團隊回到英國後，幾乎在每個街角都能看到缺胳膊少腿的退伍軍人，阻斷感染的辦法還是把感染的部位切掉。賴特向弗萊明和科爾布魯克感歎道：「現代醫學的最大進展只是殺人而不是救人。」

弗萊明和科爾布魯克從賴特衰老的臉上看到了絕望，也看到了對他們的厚望。

一戰開始後，德國的年輕人踴躍上戰場，其中有一位叫阿道夫．希特勒的落魄畫家。希特勒加入巴伐利亞預備步兵十六團，在西線參加了歷次戰役，於一九一七年升為上等兵，獲一級鐵十字勳章和二級鐵十字勳章各一枚，最後於一九一八年因遭到芥子氣攻擊而暫時失明，在他養傷期間，德國投降。

另外一名志願上戰場的年輕人叫格哈德．多馬克（Gerhard Johannes Paul Domagk），是基爾大學的一名剛剛入學的學醫的學生，在愛國熱情的感召下加入法蘭克福手榴彈團。該團在西線遭到重創後被調到東線。多馬克於一九一四年耶誕節前頭部受傷，幸好不嚴重，戰地醫院給他包紮止血後，把他送上去柏林的火車。柏林的軍隊醫院發現他是學醫的，等他養好傷後就讓他接受戰地醫療訓練，然後來到烏克蘭的一所戰地醫院。

德軍的傷亡一樣慘重，而醫護人員尤為缺乏，普法戰爭打了十個月，雙方共傷亡了二十五萬人，只相當於東線一場戰役的傷亡人數。多馬克在戰地醫院的任務是接待新傷患，那些得了傳染病比如霍亂的，要儘快從營地中轉移出去，輕傷患因為存活的希望大所以要儘快做手術，對於重傷患則以安慰為主，給他們信心，直到他們死去。

有時候他也被叫到手術室幫忙，由於傷患太多，不可能嚴格消毒，甚至根本不消毒，兩年之內，多馬克參加的手術比大多數外科醫生一生中參加的還多。在這裡，他也接觸了細菌性傳染病，經常有人死於霍亂，但更多的人死於手術後的細菌感染，尤其是壞疽。醫生能做的就是不停地切除，但是一旦出現壞疽，病人就沒救了。一旦壞疽在病房裡出現，會殺死一半病人。一九一八年他被調到西線，直到德國投降。

戰爭結束時，多馬克和賴特團隊一樣感到筋疲力竭，但和對現代醫學失去信心的賴特不同的是，這段戰地救護經歷讓多馬克下定了決心：成為一名細菌學家，發現一種辦法，阻止細菌感染。

戰爭結束後，多馬克回到基爾大學繼續讀書。一戰後雖然德國經濟非常不好，但醫學教育還是在世界上首屈一指。基爾大學的醫學教育非常出色，可是和德國其他地方一樣食物短缺，多馬克和他的同學們都很瘦，不少人，包括他在內，都曾經在上課的時候因為飢餓而暈倒。

一戰改變了很多人的生活，也影響了歷史。希特勒因為一戰而改變，多馬克也因為一戰而改變，但多馬克不是垮掉的一代，他有他的目標和信念，無論條件怎麼艱苦，都動搖不了他對科學的追求。

去做細菌培養師

二十世紀二〇年代，微生物學的黃金時代結束了。在這個時代裡，以巴斯德和柯霍為首的一批微生物學家發展了微生物學技術，從而分離出各種重大細菌性傳染病的病原。這個時代是科學快速發展的時代，但在治療上則遠遠落後，免疫學的誕生解決了一些傳染病的預防和治療問題，但在對付細菌感染上，則還是沒有辦法。一旦感染出現，再好的醫生也無能為力，在這個時候，他們所能做的和中世紀的僧侶並沒有本質的區別。

古希臘的體液說影響了兩千多年，和中醫理論一樣，這套學說講究平衡，放血療法就是建立在這套理論之上的。從樸素的世界觀上考慮，這套學說對於其他疾病有一些效果，但一旦面對傳染性疾病，則束手無策。

一七九九年，喬治・華盛頓患了嚴重的咽喉炎，請來美國最好的醫生，用最現代化的辦法治療。醫生們給華盛頓服用含有有毒重金屬汞的藥劑，不僅要喝下去，而且還要注射。同時服用一種有毒的白鹽讓他出汗和嘔吐，還用一種腐蝕性的膏藥塗抹他的皮膚，讓他喝熱醋把咽喉燒爛，一共放了四回血，加起來超過兩公升。

如果今天給人這樣治療，等於是殺人，但這就是當年最高級的醫療水準，是根據以毒攻毒和平衡的理論建立的。華盛頓經過這些治療後去世，所以到今天還有不少人認為是醫生們而不是疾病殺死了華盛頓。

經過二百多年，到了多馬克學醫的時候，體液學說和放血療法等終於退出歷史舞臺，醫生們對疾病的原因和過程有了很多的瞭解，醫學終於成為科學。伴隨著的是生物化學的出現，治病不再靠經驗和摸索，而是要靠科學依據。這種情況下，隨之興起的是無為而治，加強自身的免疫功能，讓身體自己去抗病。

人們從一個極端走到另一個極端，但是同樣不能對付傳染病。

多馬克在醫學院裡學到的新式醫學看起來很複雜，但原則只有一個：如果醫生沒有把握的話，就讓病人自己去抗病吧。醫學家們對人體瞭解得越多，就越感覺到人體是一個奇妙的機器，人的新陳代謝具備防病抗病功能，哪怕是最厲害的疾病也不在話下。致病微生物無處不在，但人體總是能夠抵禦它們。醫生的作用是給病人提供舒適的條件，緩解他們的疼痛，減少他們的心理負擔，為病人和家屬提供資訊和解釋，簡而言之，就是觀察、等待和希望最好的結局。

對於醫生來說，不是他們不給病人治，而是根本沒辦法治。雖然市面上有上千種所謂能治傳染病的藥物，只有治瘧疾的奎寧和治梅毒的撒爾佛散是真正有效的。有一位醫生認為市場上的藥物中只有十分之一有點療效，另外一位醫生認為這個估計太高了，真正有效的只有十種左右，能列舉出來的有奎寧、阿斯匹靈、胰島素、地高辛（Digoxin）和幾種止痛藥。但是製藥的千方百計讓人們買藥。所以在當時，好醫生對於任何一種藥物都採取不信任的態度，一句話，世上沒有藥。

沒有藥，怎麼辦？難道和中世紀一樣去找上帝？醫生們只好用先進的醫療護理來代替。後來出任耶魯大學醫學院院長和紐約大學醫學院院長的路易斯．湯瑪斯是這樣說的：「病人能否存活取決於疾病的自然過程，醫學只能產生極少影響，甚至毫無作用。」

一九九三年去世的湯瑪斯看到了醫學改變了疾病的過程，但在二十世紀前幾十年，多數醫生認為這種狀況是不會改變的。從現代生物醫學誕生開始，幾百年過去了，醫學界普遍認為發現有效藥物的想法是不切實際的，甚至不值得去嘗試。人們認為，醫生去研究新藥是為了賺錢，在病人身上試驗新藥是不道德的，藥物都是一些私人藥廠生產出來的，根本沒有經過嚴格的臨床試驗。醫學教育重在診斷，根本不學藥理。

微生物學的研究，這時候已經很成熟了，多馬克知道有些細菌通過釋放毒素致病，有些細菌通過入侵組織和細胞致病，有些細菌在氧氣豐富的血液中繁殖，有些細菌在沒有氧氣的腸道裡繁殖。他和微生物學的前輩們一樣，把顯微鏡當成自己的朋友，天天泡在實驗室裡。一九二一年，二十六歲的多馬克以全班最高成績畢業，他的博士論文是關於肌肉細胞生化的。

畢業後，多馬克在當地的醫院內科實習，醫院裡有大量的結核和肺炎病人，給了他一個很好的研究機會。當時免疫學剛剛興起，抗血清療法很流行，但這種治療辦法太昂貴，也不實用。採用這一辦法的醫生們得先確認是哪一種細菌造成的感染，把這種細菌分離出來，大量培養，然後在動物身上製備出抗血清，多數情況下，沒等抗血清製備成功，病人早死了。有些病只有幾種致病菌還好辦，但另一些病，比如肺炎，致病的細菌太多了，起碼有上百種，根本無法製備抗血清。抗血清療法是一種個性化醫療，現代化的個性化醫療必須建立在標準化醫療之上，但當時還沒有標準化醫療，就談不上個性化醫療。更何況還存在人體差異，抗血清對某些人有效，對某些人無效。還有些細菌的抗血清根本不具備治療效果。

打算用抗血清治病，唯一的辦法是製備出各種已知細菌的抗血清。世界上只有一個地方有這個能力，那就是富饒的紐約市。

在二十世紀二〇年代，醫學界的主流相信只有人的免疫系統能對抗傳染病。而賴特在第一次世界大戰前便預言道：未來的醫生將會是細菌培養師。剛剛走出醫學院大門的多馬克也是這麼認為的。

待不住的象牙塔

面對免疫學新發現和新理論層出不窮的現狀，多馬克對人體的抗病能力充滿信心，他認為早晚會發現能夠直接對抗疾病的免疫學機制，也把自己的時間都花在將細菌給實驗動物接種以觀察動物的免疫反應上。

發現自己更願意待在實驗室，多馬克決定做一名病理學家。一九二三年，在德國病理學會上，他遇見了格拉夫瓦爾德大學病理研究所年輕的所長沃爾特·格羅斯，格羅斯提供給他一份工作，他接受了。

一九二三年六月，多馬克打算成家了。在戰前他就和一個女孩有聯繫，那個女孩叫格特魯德，在日內瓦德國商會工作。兩人通信已經九年了，他一直想等自己事業有成再求婚，但現在他等不及了。多馬克約格特魯德在康斯湖見面，準備在那裡求婚。那天，他來到火車站，發現準備坐的那趟車客滿了，只好等下一趟。因為人多，他只在尾部車廂找了個座位。火車抵達慕尼黑之前，由於出現了機械故障，暫時停了下來。他決定下車去買飲料，剛剛下車不久，就聽見一聲巨響。

另一輛列車正好撞在他乘坐的那輛車的尾部，把他所在的那節車廂撞爛，一共有四十八人死亡。這是德國四十年來最嚴重的火車事故。如果他不下車買飲料，肯定在劫難逃。

大難不死，多馬克又約格特魯德於耶誕節在德雷斯頓見面，這一次沒有發生任何意外，他求婚，她接受了，但卻沒有條件馬上結婚。

多馬克到了格拉夫瓦爾德大學後，就用不著看病人了，可以把全部精力集中在對細胞和染料的研究上，很快，他發現了庫普弗細胞的吞噬功能，以為自己取得了重大成果，可是到圖書館一查，發現這個結果早在十五年前就被別人發現了。不過他還是很高興，因為這是他自己獨立發現的，這讓他充滿自信。多馬克繼續研究庫普弗細胞，發現其在免疫系統中，除了具備殺死細菌的功能外，還具備殺傷細菌的功能。這麼說來，從抗菌的角度，除了可以殺死細菌的抗菌劑外，也可以生產一種殺傷細菌的藥物。於是他在這個方向上繼續研究下去，格羅斯對此很欣賞。一九二四年，多馬克成為教授並開始發表文章。一九二五年，格羅斯去了明斯特大學，也帶上了多馬克，給他的薪水也提高了。多馬克和格特魯德終於可以結婚了。

可是沒想到格羅斯在明斯特大學不受重視，這樣一來，作為他的手下，多馬克的前途也很渺茫。結婚以後那點薪水也不夠用了，只能租人家的一個房間，窮得像教堂裡的耗子一樣，每月剩下的薪水至多能買一瓶葡萄酒。一九二六年，他們的第一個兒子出生，三年後生了一個女兒，其後又生了兩個兒子。

長子出生後，多馬克一家頓時窮困潦倒，多馬克很快意識到養家餬口是最迫切的難題。此外，明斯特大學對病理所的資助很少，限制了他的研究，格羅斯又比他歲數大不了多少，因此他也沒有上升的可能。他削弱細菌以征服疾病的想法已經很成熟了，但沒有人願意進行這方面的藥物研究。雖然格羅斯還是一如既往地支持他，但現在格羅斯人微言輕，無法幫他實現自己的想法。

就在這時，他收到一封信，來信的人叫海因里希·赫連，是拜耳公司藥物研究計畫的負責人。拜耳公司總部就在明斯特附近。赫連在信中說他讀了多馬克在《科學》（*Science*）雜誌上發表的有關免疫系統的文章，對他的想法很感興趣。現在拜耳公司加大了科學研究力度，赫連受命建造一座新的研究大樓，其中包括一個最現代化的病理學實驗室，將配備技術人員和大量的實驗動物，並有機會和世界上最優秀的化學家合作。他們在尋找一位年輕、有天賦、在醫學和動物實驗上都有經驗的科學家出任實驗病理學主管，薪水多少自不必提，大家都知道化學工業界素來用高薪聘請科學人才。公司的投入很大，而且會逐漸增多。赫連詢問多馬克對此是否有興趣。

多馬克當即回信：本人非常感興趣。

這並非一文錢難倒英雄漢，而與德國的具體情況有關。

在其他國家，從大學到了企業，就等於荒廢了武功。但是在德國則不同，德國有世界上最好的學校，而且學校和企業之間聯繫非常密切。德國自從教育改革開始，就注重實驗，學校的教育和培訓也著重於為企業，尤其是德國化工業提供合適的人才。在這種情況下，大學的科學家們並不像他國科學家那樣，有在大學工作比在企業工作高一等的感覺，而企業也有自己的實驗室，用高薪、先進的儀器設備來吸引優秀人才。企業還大量資助大學系統的科學研究，以達到互利的目的。埃爾利希的魔球研究就是靠企業資助，企業也借此機會賺了大錢。

接受赫連的邀請，多馬克便能夠養家餬口，而且也能夠按自己的想法研究削弱細菌的藥物。更讓他感興趣的，是一個聞名已久的人——拜耳公司的大老闆卡爾．杜伊斯貝爾格（Carl Duisberg）。

死而復生

拜耳公司誕生在十九世紀六〇年代，正值德國在染料業上後起直追之時。當時公司叫弗里德里希．拜耳（Friedrich Bayer）公司，公司創始人拜耳是一名絲綢織工的兒子，他開發的第一個產品是廚房塗料。拜耳公司很賺錢，雇了一位叫卡爾．蘭普夫（Carl Rumpff）的商業經理，蘭普夫和拜耳的女兒結婚，得以成為拜耳的自己人。蘭普夫很有商業頭腦，認為做配方不如自己開發染料賺錢。在他的建議下，一八八二年，公司高薪雇用了三位年輕的化學家，準備自己開發新的染料，其中一位就是二十一歲的卡爾．杜伊斯貝爾格。

英俊的杜伊斯貝爾格並不是化學天才，但他很勤奮，也很有運氣，來到拜耳後首先靠運氣發現了一種新的化合物，其次出於意外發現了另外一種。他和蘭普夫一樣聰明，娶了蘭普夫的侄女，所以在公司內部升得很快，二十五歲時成為實驗室主管，進入管理層時年僅四十歲，五十歲的時候執掌拜耳公司。

在這段時間內，杜伊斯貝爾格發現並充分展現了自己的天賦——工業管理。拜耳公司在他的管理下，蒸蒸日上，成為德國第三大化學公司。一九〇三年他到美國考察拜耳新公司的地址，並對美國的標準石油公司十分讚賞，認為德國化學工業也應該兼併或者合併，以減少競爭，增強競爭力，並將業務擴展到藥物研製領域。

杜伊斯貝爾格回到德國後，馬上找到德國排名前兩位的化學企業赫希斯特公司和BASF公司的負責人，把這個建議和他們說了。聽完他的講述後，這兩家公司的負責人請他把想法寫出來，杜伊斯貝爾格一寫就是五十八頁：德國的化學工業是全球最好的，研究水準也是全球最高的，甚至銷售能力也是全球最強的，但是德國化學工業的成本太高，有內部競爭、重複科學研究等諸多因素，如果進行合併，就能夠大大降低成本，增強競爭力。

杜伊斯貝爾格的報告很讓人心動，但赫希斯特公司覺得自己是德國化工業的老大，實力強，不同意合併。杜伊斯貝爾格便和BASF公司聯合，雙方開始為合併做準備，就要大功告成時，他在報上看到感到威脅的赫希斯特公司也在和其他公司進行合併。拜耳公司和BASF公司馬上合併，Agfa公司也加入了。一九〇七年赫希斯特公司和另外兩家公司合併。這兩家托拉斯在第一次世界大戰中建立了合作關係。

合作給大家帶來了好處，杜伊斯貝爾格成為德國化學工業的明星。眼看德國化學工業就要像洛克菲勒整合美國石油工業那樣出現壟斷企業了，結果，一戰以德國戰敗而結束，幾乎獨霸化工產品的德國化學工業一下子跌到谷底。

一戰結束時，杜伊斯貝爾格的豪宅被英軍徵用了，一家人被趕到其中的兩個房間去住，地方不夠就住閣樓。戰後，左翼開始在拜耳公司裡組織工會。由於德國財政危機，大學也辦不下去了，科學研究水準急劇下降，而德國化學工業間的競爭尤為激烈。一戰開始後，敵對國家由於得不到德國的化工產品，只能自力更生，因此各國的化學工業都得到快速發展。戰後，戰勝國對德國化學工業大肆掠奪，很多資產和專利、商標都歸別人了。美國一家公司低價收購了拜耳公司在美國的所有資產，包括著名的拜耳阿斯匹靈品牌。直到今天，在美國，拜耳牌阿斯匹靈也不是德國拜耳公司出的，而是美國斯特林公司生產的。

曾經世界第一的德國科學被拋下了頂峰，通貨膨脹使得這一切雪上加霜。戰前，四馬克兌換一美元，一九二〇年初，四十九馬克兌換一美元，兩年後一百八十八馬克兌換一美元，一九二三年一月，四萬九千馬克兌換一美元，九月，一億兩千六百萬馬克兌換一美元，十月底，七百二十五億馬克兌換一美元，十一月二十日，四萬兩千億馬克兌換一美元。那時一磅麵包要八億馬克，一磅牛油要兩百億馬克。拜耳公司一九二三年的年度報表的總數達到二十位數字。

但是，德國化學工業不僅存活了下來，而且東山再起，後來它們不僅能夠盈利，居然連過去的債務都還清了。這一切都得益於通貨膨脹，因為匯率的原因，德國的產品在其他國家便宜得不可思議。拜耳公司在一戰中保存完好，現在必須開足馬力才能滿足需求。杜伊斯貝爾格保證工人的食品供給，使得左翼運動在拜耳公司根本沒有市場。巨大的盈利使得拜耳公司又有了開發新產品的能力，比如合成農藥、合成橡膠、合成汽油，以及新的藥物。到一九二四年，除去通貨膨脹因素，德國化學工業總值為戰前的三倍，加上稅法對大公司有利，到了真正合併的時候了。

一九二四年，杜伊斯貝爾格召開董事會，聯合體有兩巨頭，他和 BASF 的老闆卡爾．博斯（Carl Bosch）。BASF 公司是靠提取氮致富的，博斯則是科學家類的經理人才，一九三一年還獲得了諾貝爾獎。他和杜伊斯貝爾格互相看不上，董事會開始後，兩個人就為了未來公司老闆的位子爭上了。少數人支持建議徹底合併的杜伊斯貝爾格，多數人支持建議鬆散聯盟的博斯。後來索性一派人待在杜伊斯貝爾格豪宅的酒吧，另一派則待在桌球室，由中間人來回傳話。最後博斯勝了，他出任總裁，杜伊斯貝爾格出任董事會主席，IG 法本（IG Farben）公司成立了。

IG 法本公司是德國有史以來最大的公司，也是歐洲最大的公司，同時也是世界上最大的化學公司，按雇員數量算是全球第三大企業，只有美國的標準石油公司和通用公司能夠壓倒它。在 IG 法本公司旗下，原來各公司的研究和生產力量合為一體，這樣能夠節省出大量的人力物力去研發新的產品，去爭取更大的利潤。

對於 IG 法本公司旗下的拜耳公司來說，下一步的目標是製藥。母公司統籌了化合物的生產，拜耳公司可以有精力幹其他的事情了。染料和化工原料的市場已經開始萎縮了，而藥物的利潤極大，於是拜耳公司把研發的主要精力放在合成藥物上，希望能夠找到另一個像撒爾佛散那樣的搖錢樹。

埃爾利希的後人

多馬克和赫連的討價還價進行得很順利，赫連想請多馬克來研究新藥，多馬克只想要高薪和大的實驗室，在薪水和職位上兩人很快達成共識。赫連是人體免疫抗菌的堅信者，他想研究出一種能治療普通細菌感染的像魔球一樣的藥物。多馬克得到允許，可以在動物身上檢測化合物對腫瘤的效果，他認為這也是一個很有前途的領域。雙方簽署了一份兩年的合同，兩年後根據情況決定是否續約。多馬克拿著這份合同要求學校提高他的待遇，學校無法提供這麼優厚的條件，但又不願意徹底失去他，便讓他繼續留在教師的名單上，如果他願意的話隨時可以回來。這對於多馬克來說，已經是很不錯的結局了，於是三十一歲的他帶著妻兒來到拜耳總部。

多馬克的新上司赫連已經在拜耳公司工作了二十年，他以化學家的身份被拜耳雇用，做了很短時間的研究，以發現鎮靜劑魯米那（Luminal）而出名。魯米那為拜耳公司帶來巨額的利潤，使得赫連進入了管理層，進入公司兩年後便成為拜耳公司藥物計畫的負責人。邀請多馬克時，他已經是管理委員會成員、技術委員會的主席，負責化學、細菌學和藥物研究。他崇拜埃爾利希，希望能夠研究出撒爾佛散那樣的藥物。對於埃爾利希之後無人成功的問題，他認為是研究力度不夠，解決辦法就是對成百上千種化合物進行篩選，無論失敗多少次，都要繼續下去。

那個時代的人們認識到了人體內部的化學反應，因此認為體外合成的化合物能夠對抗微生物。對於有抗菌作用的化合物，赫連建議進行改造，對每一種改良化合物進行檢測，就像鑽探一樣，只要能夠找到油田，就等於發現了聚寶盆。過去十幾年無人成功是因為他們進行的都是小規模研究，赫連要用工業化辦法找出新藥。

拜耳公司的新藥研究計畫已經存在了將近二十年，由杜伊斯貝爾格親自負責，由赫連負責具體工作。有撒爾佛散和阿斯匹靈的賺錢先例，杜伊斯貝爾格決定加大投入，赫連手中有的是錢，第一步是挖來藥物研究領域的超級人物——埃爾利希的頭號助手威廉·羅勒（Wilhelm Roehl）。

羅勒於一九〇九年加入拜耳公司，使拜耳公司的藥物研究從一開始就達到世界水準。羅勒著眼於埃爾利希研究抗昏睡病時有些效果的化合物，繼續尋找對昏睡病有療效的藥物。他很快取得了成果，但研發的那些對昏睡病有效的化合物會讓實驗小鼠的皮膚著色，總不能治好昏睡病後病人都變成橘黃人或者藍人吧。這時羅勒提出一個非常重要的假設：染色和對抗微生物的是化學合成物的兩種不同的成分。他要求化學家們去研究無色染料。

一九一六年，正當羅勒參加一戰的時候，拜耳公司的化學家研製出了一種無色染料，羅勒的助手發現這個標號為二〇五的無色染料能夠治療老鼠的昏睡病，而且沒有多少副作用。戰後羅勒證實了這個結果，可是作為戰敗國，拜耳公司一直無法到非洲進行臨床試驗，直到一九二一年拜耳公司才得以組織一次南非探險，由普魯士傳染病研究所的專家在那裡檢測這種藥的效果。昏睡病使得喀麥隆一個部族的人口從一九一四年的一萬兩千人下降到一九二二年的不足一千人。德國人來到疫區，給當地人服用拜耳二〇五，效果非常好。一九二三年，拜耳公司用「日爾曼寧」為商標銷售這種藥物，使得歐洲人得以進入非洲腹地，這種藥到今天還是治療昏睡病最有效的藥物。

完成了埃爾利希所沒有完成的項目，羅勒下一個目標是瘧疾。當時奎寧被南美和荷屬亞洲殖民地壟斷，一戰之後，德國的奎寧供應非常短缺，從埃爾利希開始就打算研究人工抗瘧疾藥。

當時沒有瘧疾的動物模型，但羅勒發現他能夠在鳥身上培養和瘧原蟲相似的寄生蟲，很快拜耳實驗基地裡到處是鳥類，養著大量的金絲雀。埃爾利希曾發現亞甲基藍對瘧原蟲有一定抑制效果，羅勒就從這裡著手。拜耳公司受到日爾曼寧成功的鼓舞，加大了給他的投入，成立了一個龐大的研究團隊。

對亞甲基藍的研究沒有成功，羅勒團隊又轉到奎寧的研究上來，開始篩選奎寧的類似化合物。他們終於找到了一種比奎寧還有效的合成物，臨床試驗也很成功，特別是和奎寧一起使用時效果更好。一九二七年拜耳公司以撲瘧奎寧為商標開始銷售這種藥物。

這種藥也有它的缺點，就是只在瘧疾的某一階段有療效。但不管怎麼說，這是第一種合成抗瘧疾藥，打破了南美和荷蘭人對奎寧的壟斷，和日爾曼寧一樣為公司帶來很高的利潤。拜耳公司發現這種大規模研發模式很成功，便決定擴大研究規模。羅勒繼續負責寄生蟲藥物的研究，因為他從來沒有發現抗菌藥物，公司決定另找一名細菌學和藥物方面的專家。

就這樣，多馬克來到拜耳。

鏈球菌的噩夢

多馬克到拜耳公司後並不是很滿意，實驗室很小，赫連向他保證，一旦新的實驗室建造完畢，他就會有更多的空間，當然也會有更多的助手。

此時，儼然已是埃爾利希的接班人、肯定會得諾貝爾獎的羅勒一直在試圖改進他的抗瘧疾藥。一九二九年在一次前去埃及的旅行中，羅勒在刮鬍子的時候發現脖子上有一個膿包，隨後發現他受到了鏈球菌的感染。鏈球菌進入他的血液之中，讓他得了敗血症。幾天後，羅勒去世，年僅四十八歲。

鏈球菌在那時是地球上最可怕的殺手之一，一九二四年夏天，美國總統柯立芝的幼子在白宮草坪上打了一場網球後因為大腳趾劃破而感染鏈球菌，五天後死亡，從此柯立芝成為一個沉默的人。

鏈球菌無處不在，連人們身上也不少見，但多數鏈球菌對人是無害的，然而有限的幾種有害鏈球菌一旦進入人體，其結果往往是致命的。對於醫生來說，鏈球菌是噩夢，以至於人們開玩笑說，醫生們頭上的白髮有一半是鏈球菌造成的。

一九三〇年，醫院最嚴重的前四種感染都是鏈球菌造成的。二十世紀二〇年代，在歐洲和北美，每年被鏈球菌殺死的人多達一百五十萬。此時，對付細菌感染的唯一武器血清治療也對鏈球菌無效，因為導致感染的鏈球菌有很多種同時存在。

但是，科學家並沒有放棄。有一位從衛斯理畢業的女微生物學家加入了對抗鏈球菌的隊伍。她本來是學法語的，因為室友告訴她微生物學科是如何有意思，她才轉攻微生物學，她的名字叫瑞貝卡．蘭斯菲爾德（Rebecca Craighill Lancefield）。成為實驗室技術員後，蘭斯菲爾德從工作中獲得了快樂，決定幹一件很多研究人員認為是不可能的事：分清楚有多少種鏈球菌。她不知疲倦地工作著，慢慢地進行著鏈球菌的分類。她的研究成果讓人們瞭解到鏈球菌其實有非常多的種類，難怪賴特在法國戰地醫院裡無法防治鏈球菌感染。

蘭斯菲爾德的鏈球菌分類成果讓人們和賴特一樣對化學藥物失去了信心。雖然埃爾利希、羅勒在化學藥物的研製上成功了，但他們針對的是單一病原，而細菌感染是多個病原體，多到幾乎數不清。這也讓關於魔球的夢想實現起來更為渺茫。

十年之計

羅勒的死，讓多馬克開始沒日沒夜地工作，希望能儘快找到新藥，但赫連與剛剛進入這個領域的多馬克不同，他有充分的思想準備打持久戰。在撒爾佛散之後將近二十年，只有「日爾曼寧」和「撲瘧奎寧」問世，這幾種東西都是針對熱帶地區寄生蟲病的。歐洲和北美的常見病是肺炎、結核、霍亂等傳染病，要針對這些疾病研製新藥。

赫連和杜伊斯貝爾格是不折不扣的愛國者，經過一戰，德國的國際地位蕩然無存，他們認為恢復德國國際地位的最好辦法就是研製出新藥。化學家出身的赫連的思路是先找出一種有效的化合物作為核心，在此基礎之上進行原子結構的改變，直到找到有效而無副作用的藥物。

新的實驗室有了，多馬克搬了進去。但化學家們還在舊實驗室裡工作。那是被稱為四號工作間的很陳舊的實驗室，夏天時裡面很熱，甚至連瓶子裡的乙醚都會沸騰，但對於化學家來說，這裡是幸運之地，因為日爾曼寧和撲瘧奎寧就是在這間實驗室裡研發出來的。

多馬克現在很高興，因為羅勒留下了一整套新藥研究和檢測的辦法，這是得自埃爾利希的有效的辦法，此外他還有了專為自己的研究而配備的化學家，雖然只有一個，但這一位能頂好幾位。

約瑟夫．克萊爾（Josef Klarer）比多馬克年輕幾歲，兩個人幾乎同時進入拜耳公司。克萊爾師從諾貝爾獎獲得者漢斯．菲舍爾（Hans Fischer），獲得化學博士學位後有學校請他去當教授，但他權衡之後決定加入拜耳公司。化學家通常是很有計畫、按部就班地工作，幹完一件事再幹下一件事，雖然慢但有成效。而克萊爾是天生的實驗家，他沒有計畫，可以同時幹幾件事，因此進展神速，別人製備出一種化合物的時間，他能夠做出好幾種。克萊爾飲食極不規律，很少和人交談和交流，也幾乎不睡覺。他在戰爭中受過重傷，在別人眼中是一個怪人，公司欣賞他的才華，容許他按自己的時間表工作，結果他成為拜耳公司最有成效的化學家。唯一稱得上是克萊爾朋友的人是為熱帶病組工作的化學家弗里茨．米奇（Fritz Mietzsch），他和克萊爾是截然相反的兩個人，但同樣頗有才華，他在工作上也給了克萊爾極大的幫助。

多馬克首先要建立一個動物模型，赫連要開發能對付各種細菌的廣譜藥物，那麼這個動物模型的感染菌就應該是毒性大的細菌，多馬克選擇了殺死羅勒的鏈球菌。可是蘭斯菲爾德的研究表明，鏈球菌的種類太多，他需要找到一種最毒的超級鏈球菌，這種細菌要次次都能感染實驗小鼠，次次都能快速致病，而且次次都能殺死小鼠，不能存在鼠與鼠之間的差異。

鏈球菌因為長期在人體中繁殖，已經很適應人體的環境，多馬克摸索出培養鏈球菌的辦法，然後開始尋找超級鏈球菌。經過幾個月的努力，他從一個死於敗血病的人身上分離出一種細菌，這種鏈球菌毒力非常強，把培養液稀釋十幾萬倍之後依然能在兩三天內殺死所有接種的老鼠，大多數老鼠死於二十四小時之內。

有了實驗模型，也搬進了新的實驗室，多馬克手下還有了六名技術員，每星期可以檢測三十多種化合物，他們用靜脈注射、皮下注射和口服三種辦法進行檢測，也對腫瘤和其他模型進行檢測。赫連對此很滿意，他和多馬克簽署了長期合同。到了一九二九年，雖然多馬克的檢測系統經過不斷改進，達到高速運轉的程度，成千成千的老鼠被細菌殺死，但卻沒有找到一種有效的藥物。

到一九三一年，多馬克已經建立了十幾個劇毒細菌模型，克萊爾也不再是唯一給他提供化合物的科學家，他已經檢測了三千多種化合物，結果還是一樣。他只研發出了一種殺菌洗液，拜耳公司將殺菌洗液上市銷售，但是在廣譜抗菌藥物研究上毫無進展。當然拜耳公司本來對此就沒有抱太大希望，對這個計畫，公司預計十年甚至更久才能有成果。

但是，一九三一年時的大環境已經和計畫開始時的一九二七年不同了。一九二七年德國經濟開始恢復，處於上升階段，而一九三一年世界經濟陷入大蕭條，公司的銷售額急劇下降，迫切需要研製出新的藥物以扭轉局面。

曙光

雖然沒有取得任何進展，多馬克並不改變自己的實驗方法，他面臨的問題是化合物太多了，不可能一一進行試驗，他和克萊爾只能憑知識去選擇。他們沿著埃爾利希和羅勒的方向前進，從染料開始，一旦有苗頭，克萊爾就去進行化合物重組，他們試驗了含金的化合物，試驗了奎寧的類似物，全都沒有成功。

雖然還沒有任何發現，但多馬克對自己的方法很自信，對赫連的總體設計也很有信心。此時熱帶病組成果纍纍，米奇成功研製了新型瘧疾藥「阿的平」，雖然副作用很大，但慢慢成為利潤很大的產品。赫連相信，傳染病組早晚會像熱帶病組一樣成功。

傳染病組和熱帶病組之間經常交流，化學家們合成的化合物分別由兩個組進行檢測，多馬克也經常到熱帶病組取經。

羅勒臨死前開始研究偶氮染料，這也是從埃爾利希開始的，因為偶氮染料中的錐蟲紅能在老鼠身上對抗昏睡病，但在人體上效果很弱。另外有人發現這類染料有抗菌作用，可是毒性也很大。

沿著這個思路，多馬克和克萊爾於一九三〇年底也轉而研究偶氮染料。一九三一年已經能夠提供化合物讓多馬克檢測了。隨後，只要檢測結果有些苗頭，克萊爾便立刻配合提供化合物，別人一星期合成一到兩種，他一到兩天就能合成一種，八個月中合成了六十六種，同時還合成出上百種其他化合物，其中有一些對瘧原蟲有效，但對細菌還是沒有效果。

一九三一年夏天，曙光終於出現了，克萊爾合成的第四八七號化合物有陽性結果，雖然只是在高濃度的情況下對超級細菌有效，但這點兒希望激勵著克萊爾在偶氮染料研究上全力以赴，九月的前三周合成出十五種化合物，可多馬克的實驗結果卻很難找到規律。直到九月十八日，第五一七號又出現陽性結果，沿著這個方向繼續合成，第五二九號已經可以對抗鏈球菌之外的其他細菌了。十一月十八日，拜耳公司為此申報專利，按慣例是以化學家的名字申報的，有克萊爾和米奇，沒有多馬克。

就在這時，運氣不見了，新的化合物實驗結果全是陰性。多馬克回頭再檢測五二九號，效果大不如前。到了年底，一切恢復到從前的狀態。一九三二年夏天，克萊爾合成到快到第七〇〇號的時候，連他自己都不知道該怎麼重組了。

赫連把克萊爾叫過去，兩人就偶氮染料的合成交換了意見。在交談中，赫連建議加入硫，因為赫連過去做過硫方面的工作，他認為硫可以起黏合作用，也許能夠提高抗菌能力吧。

克萊爾從十月初開始往偶氮染料裡加硫側鏈，他先選用對氨基苯磺醯胺，這種簡稱磺胺的東西已經被使用了二十年。磺胺沒有什麼特別的，一九〇九年由維也納化學家保羅·蓋爾莫申報專利，早就用在染料上，此時專利期早過了，價格非常便宜。關鍵是磺胺比其他化學原子容易和偶氮染料結合。很快編號 Kl695 的含磺胺偶氮染料就被送到多馬克實驗室，多馬克正好休假去了，克萊爾又連續做了幾個化合物。多馬克不在的時候，他的技術員依舊對化合物進行檢測。

這幾年的檢測結果都是一籠又一籠接種了細菌的小鼠統統死亡，可是這一次出怪事了，接種細菌後用 Kl695 治療的那籠小鼠不僅沒有一隻死亡，而且活蹦亂跳。當多馬克度假歸來，一進實驗室，就聽到技術員們的歡呼：「從現在開始，你將會成名。」

關於 KI695 的所有實驗都非常成功，無論給小鼠多少劑量鏈球菌，KI695 都能對小鼠提供徹底的保護，而且小鼠非常健康，看起來沒有什麼副作用，這些實驗結果看起來太完美了，根本就不像真的。多馬克覺得是實驗程序哪裡出錯了，馬上要求重新檢測。重複實驗的結果也一樣，更小的劑量也能保護小鼠。KI695 不能殺死試管中的細菌，只在實驗動物身上有效果，而且只對鏈球菌有效，對其他細菌無效。多馬克重新檢測了克萊爾上個月送給他的所有化合物，只有 KI695 有效，接受其他藥物的小鼠全死光了，說明鏈球菌的實驗模型沒有問題。

克萊爾對 KI695 進行結構改變，多馬克發現，只要克萊爾把磺胺放對了地方，偶氮染料就有抗菌作用。他們認為偶氮染料是核心，而磺胺是使其從無效變得有效的鑰匙。克萊爾新做出來的化合物中有好幾種比 KI695 還有效，特別是 KI730，不僅非常有效，其效果也更加穩定，沒有副作用，但它們都僅對鏈球菌有效，比如葡萄球菌和肺炎菌與鏈球菌結構差不多，可是新藥對它們一點兒作用也沒有。他們也不明白為什麼新藥不能在試管中殺死細菌，只在體內有效，一旦在體外，就什麼用都沒有。

到了十一月，他們將精力集中在 KI730 上。此刻，赫連終於點頭了。一九三二年十二月，拜耳公司為此召開了一系列會議，多馬克應邀在會上報告了結果。耶誕節那天，拜耳公司以克萊爾和米奇的名字為 Kl730 申報了專利。化學公司一向用化合物發現者的名字報專利，一旦賺到錢，發現者可以分紅，否則就拿基本工資。Kl730 有了商品名 Streptozon，開始走向市場。

夢想成真

五年多就出成果了，只花了赫連預計的一半時間，Streptozon 成為拜耳公司的一個重量級產品，離開實驗室進入市場。克萊爾和米奇還在繼續進行結構重組，他們首先將磺胺連在非偶氮染料上，製出 Kl820，不出所料對細菌沒有效果。但 Kl821 就怪了，在小鼠和兔子身上效果非常好。多馬克覺得又出錯了，馬上要求在兔子身上重新檢測，沒想到效果比上次還好。反覆檢測了很多次，效果都很強。

這樣一來就證明了是磺胺而不是偶氮染料有抗菌效果，但是對於拜耳公司來說，自己合成的化合物才能賺大錢，如果藥效是磺胺帶來的，而磺胺太便宜且誰都能使用，那麼拜耳公司賺不到什麼錢。於是，研究還是集中在偶氮染料上，一九三三年剩下的七個月內，克萊爾和米奇又做出七十六種化合物，Kl821 被徹底忽視了。

德國化學業有一種很強的染料情結，因為染料使得德國有機化學工業成為搖錢樹，從埃爾利希開始，德國藥物研究就集中在染料上，羅勒、多馬克作為埃爾利希的接班人，自然也將研究集中在染料上。

一九三四年，多馬克改進了他的動物模型，能夠用鏈球菌在兔子身上導致炎症，再用 Streptozon 治好。用藥幾天後動物恢復健康，沒有任何副作用。

但是有一個問題，Streptozon 不溶於水，只能口服，如果病人病情嚴重到昏迷的程度，或者咽喉嚴重感染，吃不進去東西的話，這藥就無法用了。克萊爾花了一年多時間，到一九三四年六月，終於研製出效果一樣的可溶性 Streptozon。

當時沒有嚴格的臨床試驗一說，德國藥廠通常去非洲進行臨床試驗，英國則是在軍中做試驗，而美國在監獄或者精神病院裡做試驗。但這一次，拜耳公司悄悄地把 Streptozon 送給醫生們進行臨床試驗，很多情況下是多馬克送給熟悉的醫生，很快這個消息就在醫生們中傳開了，找他要樣品的人越來越多。

第一例接受 Streptozon 治療的病例是一名得了敗血病的十歲少年，這是一例葡萄球菌感染病例，雖然 Streptozon 不對症，但在當時的條件下只能試一試，沒想到只服了四片藥，病人就恢復正常了。這個病例於一九三三年五月在一次皮膚科會議上進行了報告，引起了要樣品的熱潮。

多馬克把 Streptozon 給了自己的好友菲力浦．克利。克利是本城最大的一所醫院的內科主任，他和多馬克不僅交情很好，而且長得也像。

克利給一名十八歲的女孩用了 Streptozon，這名女孩被咽喉鏈球菌嚴重感染。她的體溫很高，白血球計數更高，切開感染部位後有一些幫助，但病情一直反覆，體溫再次升高，腎臟開始出現衰竭，已經到了瀕死的邊緣。服藥後第二天，女孩體溫恢復正常，腎臟開始工作，排尿恢復，堅持服藥幾周後身體已經沒有鏈球菌感染跡象。克利開始給所有患細菌感染的病人用藥，雖然不是所有的人都能被治好，但在大多數人身上都有奇蹟出現。

從醫多年的克利已經數不清有多少病人死於細菌感染，自從拿到 Streptozon 後把病人從鬼門關裡拉回來，克利才第一次感到作為一名醫生的快樂。

Streptozon 似乎真的是一個魔球。

從埃爾利希到羅勒，再從羅勒到多馬克，三代德國科學家的「Zauberkugeln」之夢終於實現了。

兩年過去了，半數以上的德國醫生已經試用 Streptozon，效果很穩定，副作用很小，但拜耳公司並沒有讓 Streptozon 上市。

原因只有一個：效果好到不像真的，公司上層始終不敢相信，要求反覆試驗，尤其是要確保安全性，不能砸了拜耳的牌子。此外拜耳公司也希望能研製出更好的東西，因為一旦宣佈了，就會有很多廠家按同樣的思路去研究，目前 Streptozon 還只能對付鏈球菌，公司希望能研製出廣譜的抗菌藥，特別是要能對抗結核菌等致病細菌。

一九三四年十二月十三日，拜耳公司申報的專利獲得批准，也就是說任何人都能獲得資訊，雖然不全，但也能知道大體方向。因為在臨床試驗中發現 Streptozon 對葡萄球菌和鏈球菌有效，所以 Streptozon 有了新名字：「Prontosil（百浪多息）」。

這時，多馬克終於寫了第一篇論文，只有關於 Kl730 的內容，於一九三五年在德國醫學雜誌上發表。文章發表後，基本上沒什麼反響。這是因為這篇論文只寫了一個實驗，而且結果十分完美，一看就不像真的。文章對使用的藥物的細節一點兒也不透露，藥物機理也不清楚。

但是，從這篇文章開始，用百浪多息治好病人的報導在雜誌上陸續出現，甚至在飼養的動物身上也有效，拜耳公司開始把百浪多息推上市場，慢慢地從德國推廣到整個歐洲。

埃爾利希的魔球之夢終於實現了。

還有巴斯德人

一九三五年十月，赫連利用參加在倫敦舉行的皇家醫學會會議的機會，宣佈了這個新藥。在此之前，英國醫學界早就聽說德國人研究出一種特效抗菌藥，而且也早就開始使用了。但當時的英國國家醫學研究所所長、一九三六年諾貝爾生理學和醫學獎得主的亨利·戴爾（Henry Hallett Dale）爵士知道德國人的臨床試驗很不完善，他認為做抗鏈球菌藥物臨床試驗最合適的人選是正在夏洛特皇后醫院研究產褥熱的科爾布魯克。

科爾布魯克是賴特的助手。他曾經追隨賴特去南非，也追隨賴特去法國，但他與對抗菌藥研究失去信心的賴特不同，他一直對此充滿希望。

科爾布魯克一度打算去非洲或者亞洲當醫學傳教士，成為專業醫生後，他依舊具備獻身精神，不在乎工資，工作時間很長，把病人當成人看待，而不是當作實驗對象。他當時就職的醫院有很多因為生孩子而得病的女病人，那些產婦也很緊張，遇到這種情況，科爾布魯克都會來到病人床邊，握住病人的手，聆聽她們的訴說，安慰她們，有時候一整夜一整夜地待在病房裡。他成為病人最喜歡和信任的醫生。

科爾布魯克很受賴特器重，幫著賴特管理實驗室。他讀了很多文獻，特別是德國人的論文，然後開始進行砷類化合物的研究，但是醫院沒有那麼多的細菌感染病人可供研究，他便轉到產褥熱研究上。那時，產褥熱仍很難控制，每年有上萬名產婦死於產褥熱。科爾布魯克研究發現是鏈球菌感染導致了產褥熱。在賴特的指導下，他們用抗鏈球菌疫苗預防產褥熱，結果和在法國戰地醫院時一樣，失敗了。在這種情況下，他開始試驗用含砷的藥物治療產褥熱。

戴爾的推薦，給了科爾布魯克新的機會。戴爾年輕時曾在埃爾利希實驗室進修過，是德國醫學的崇拜者。讀到多馬克的論文後，戴爾就給拜耳公司寫信，告訴他們科爾布魯克願意進行臨床試驗，赫連回答願意提供所需的藥物。幾個月過去了，科爾布魯克終於收到拜耳公司寄來的藥物。看起來德國人並非心甘情願地提供藥物，但科爾布魯克還是很高興，因為他的砷化物研究都失敗了，只要能救產褥熱病人的命，他願意嘗試別的方法。

其實科爾布魯克一直關注鏈球菌抗菌藥的相關報導，他對多馬克的研究成果半信半疑。七月十八日收到藥後，科爾布魯克馬上在小鼠身上做試驗，結果根本不能重複多馬克的結果，直到赫連來倫敦做報告時，科爾布魯克還是無法在實驗動物身上得到有效的結果。

問題出在菌株上，科爾布魯克用的是他在實驗室培育出來的菌株，直到使用劇毒的菌株後，他才能夠重複德國人的結果。可科爾布魯克還是不願意在病人身上使用百浪多息，他希望瞭解藥物在體內的代謝情況。他這麼一謹慎，戴爾便有了壓力，因為英國的醫生們非常想馬上使用這種新藥，但戴爾堅持要等科爾布魯克的結果。直到一九三六年一月，科爾布魯克向戴爾報告了對小白鼠進行了六個月的試驗結果，表明這種藥對某些鏈球菌株有效，對葡萄球菌無效，下一步他準備在病人身上使用了。

戲劇性的事件在此時發生了。一月六日，科爾布魯克的同事羅尼·海瑞在做實驗時被碎玻璃扎傷，玻璃上有實驗室培育的劇毒鏈球菌株，兩天後鏈球菌已經在血液中出現，眼看就活不成了，科爾布魯克無奈之下，只能給他用百浪多息。幾天後不僅鏈球菌感染消失了，海瑞的手也能活動自如。這樣一來，科爾布魯克也不再謹慎了，開始給產褥熱病人用藥。

百浪多息治療重症產褥熱病人效果非常好。雖然科爾布魯克對新藥的措辭還是很謹慎，但他開始給每個產褥熱病人使用百浪多息。一九三一年到一九三五年之間，他治療了五百名產褥熱病人，其中四分之一死亡，而用上百浪多息以後，只有百分之四·七的病人死亡，而且副作用很小。他的治療成果兩次在《柳葉刀》（*The Lancet*）雜誌上發表，兩年之內，百浪多息成了治療產褥熱的標準藥物，救活了上萬名產婦。

在收到戴爾爵士的信的同時，赫連也收到一封來自法國一位著名化學家的信，希望能得到百浪多息的樣品。接到戴爾爵士的來信，赫連馬上就回了信，而收到這位法國同行的來信，赫連當即撕個粉碎，一改平時溫文爾雅的樣子，當眾咬牙切齒地大罵起來：「富爾諾，你這個狗娘養的。」

埃內斯特·富爾諾（Ernest Fourneau）不是狗娘養的，他是巴斯德研究所藥物研究計畫的負責人。

赫連和富爾諾知彼知己，兩人已經明爭暗鬥十年了。在赫連眼中，富爾諾是個十足的無賴和賊，他所幹的，就是把德國新藥的秘密研究出來，然後提供給法國藥廠，讓它們和拜耳公司競爭。

和赫連手裡攥著大把的錢、有一支研究大軍不同，富爾諾只有一間小實驗室，也沒什麼錢，這樣的條件根本就不可能研究新藥，但富爾諾有自己的辦法：偷。

讀書人偷書叫「竊」，巴斯德人偷藥叫「愛國」。富爾諾上次就把羅勒治昏睡病的藥的成分研究出來，然後交給一家法國藥廠，讓它們換個名字上市，拜耳公司乾生氣沒辦法，因為根據兩國的專利法，這種情況是合法的。

富爾諾更像一位藝術家，他能講流利的法語、德語和英語，喜好文學藝術。和戴爾爵士一樣，他也是德國迷。他曾在德國學習過三年，喜好德國的音樂、文化、歷史，對德國在科學上的成功也非常崇拜，甚至在靈魂深處，也滿是德國的烙印。

但是，富爾諾從骨子裡依舊是法國人，他所做的一切都是為了祖國的利益，就像赫連所作所為是為了德國的利益一樣。

發洩完了之後，赫連看著一地的紙片，心中突然有一種不祥的預感，腦海裡出現了巴黎那個一點兒也不時尚的街區的那片老樓房。他知道，法國的雄獅巴斯德就葬在那裡，那裡有巴斯德的魂魄，巴斯德和柯霍之間的較量還在繼續，他和富爾諾就是雙方這一回合出場的劍客。

赫連倒吸了一口冷氣，他突然意識到，能夠威脅德國化學工業霸主地位的只有巴斯德人。

埃爾利希摔下來

富爾諾在德國師從未來的諾貝爾獎獲得者埃米爾・菲舍爾（Hermann Emil Fischer）和理查・維爾斯泰特（Richard Martin Willstätter）兩位大師，回到法國後，從事製藥業，於一九〇一年出任法國最大的藥廠普朗兄弟（Poulenc Brothers Company）的研究部主任。和德國相比，法國製藥業處於幾乎一窮二白的狀況，所用的東西都來自德國，或者由設在法國的德國工廠出產。一旦法國廠家試圖靠自己的產品和德國人爭市場，德國人就會打價格戰，直到把法國廠家搞到破產。

富爾諾一直在考慮如何振興法國製藥業，他認為面前有兩條路，一是走在德國人前頭，發現新藥並儘快進入市場。這是法國製藥業一直在幹的，可是以法國藥廠的研發能力很難和德國人抗衡，往往研發剛有跡象就被德國人搶先一步，或者新藥一上市，德國人就研製出相同的藥物，令法國藥廠在銷售上一敗塗地，連本錢都無法收回來。另外一條路就是仿冒德國藥，在德國人還沒有收回本錢，也就是無法殺價的時候上市，從德國人碗裡分幾塊肉。這樣用不著花大錢搞不一定能收回成本的研發，只要能夠破解德國人的藥物成分就成。這是法國專利法的一個大漏洞，富爾諾本人對此也不贊同，但既然有這個漏洞，他為何不利用？

這樣幹首先要消息靈通，富爾諾把德國人有關藥物研究的文章一一讀了，密切關注德國新藥的動向，除了睡覺，每天花十八小時工作，建立了一套德國製藥檔案，所謂度假就是去參加德國科學會議和展覽。

富爾諾意識到法國醫學界有一個先天不足，這是巴斯德傳下來的。巴斯德有無私的奉獻精神，認為科學發明應該造福全人類，以拯救生命為唯一目的，不應該用來賺錢，這樣當然競爭不過德國人了。他決定把德國模式引進法國，在普朗兄弟公司，他很快研究出一種可卡因的合成物，用在麻醉上，當然也會讓人上癮。這樣一來連拜耳的老闆杜伊斯貝爾格都對他另眼相看，希望他能主持拜耳公司設在法國的研究中心。雖然工資非常高，富爾諾卻斷然拒絕了。

埃爾利希研製成功撒爾佛散後，法國奮起直追，巴斯德研究所建立化學治療實驗室，由富爾諾主持。一戰之後，在法國國防部長的請求下，富爾諾利用去拜耳公司訪問的機會，充當法國的間諜，評價德國製藥業的實力。他實地考察後認定，巴斯德研究所在這方面和拜耳公司不是一個等級的。

富爾諾實驗室裡聚集了一小批來自各國的才華橫溢的年輕人，包括後來獲得諾貝爾化學獎的瑞士人丹尼爾．鮑威。富爾諾的管理風格與其他巴斯德人不同，很受手下的擁戴。巴斯德研究所資金有限，富爾諾實驗室先研究治療梅毒的口服砷化物，研究了一段時間後發覺不可能競爭得過拜耳公司，只能走富爾諾的小偷路線。一九二五年他們破解了日爾曼寧的配方，拜耳公司得知法國藥上市後，只能和法國藥廠建立合作關係，雖然亡羊補牢，但丟掉了一大塊市場。從此，富爾諾就成了拜耳公司的眼中釘，這一回他又來要樣品，赫連很自然地想到，這傢伙肯定是來當小偷的。

可是沒有辦法，藥物已經在市場上了。赫連只好回信，約富爾諾見面，兩人的會談毫無結果。法國人動作很快，多馬克的文章發表三個月後，富爾諾就成功地複製了百浪多息，並提供配方給法國藥廠，以「Rubiazol」為名上市。赫連氣得背過氣去，他花了八年時間才研製出來的新藥，就這樣被法國人偷去了。

富爾諾並沒有就此收手，每年七月到十一月是巴斯德研究所的假期，研究所關門，大家休假去。但一九三五年的假期，富爾諾實驗室非常忙碌，他們建立了動物模型，和科爾布魯克一樣經過幾個月的摸索，發現百浪多息在動物身上只對特定的鏈球菌株有效，他們用從巴黎聖母院神舍的產褥熱病人身上分離到的一株鏈球菌株做試驗，成功地重複了德國人的結果，然後他們開始檢測各種化合物。

一九三五年十一月六日，鮑威發現了一個很奇怪的現象，有一組不同的化合物對鏈球菌都有效，仔細分析一下，發現這組化合物只有一個共同點：都攜帶著磺胺。鮑威沒有忽視這個結果，他和義大利人費德里克．耐蒂重新進行試驗，再試驗，直到連他們自己都不敢相信，一向嚴謹的德國人居然忽視了這一點。德國人花了八年時間研製出來的世界上第一個抗菌化學藥物並非他們所想像的是偶氮染料的功勞，藥效居然來自那麼普通的磺胺。

巴斯德研究所內的那個小實驗室沸騰了，這一次他們不是小偷，而是殺手，他們將讓德國人最偉大的藥物專利變得一文不值。

這樣一來，百浪多息為什麼在試管中對細菌無效的疑問就能解釋了：人體內的酶能使偶氮染料把磺胺釋放出來，而在試管中，磺胺不能被釋放，所以無法殺菌。真正殺菌的是磺胺，偶氮染料所做的，只是把皮膚染紅而已。巴斯德人不僅解釋了百浪多息的藥效，而且開創了生物活性這一嶄新的領域。

更重要的是，他們粉碎了德國人從埃爾利希開始的染料情結，在埃爾利希的光環下，全世界的科學家這麼多年來就在染料裡面翻來覆去地尋找，最後卻發現魔球是一個無色的東西。

幾天後，鮑威和耐蒂把準備發表的論文草稿交給富爾諾，論文的第一作者是富爾諾，這是巴斯德研究所的慣例。富爾諾看了一下，從桌上拿起筆，帶著微笑，輕輕地劃掉了自己的名字。

耐蒂的父親曾任義大利總理，法西斯在義大利當權後，耐蒂自我放逐，來到法國，他瞭解富爾諾的心情。

富爾諾的所作所為不是為了他自己的名聲，而是為了他的祖國的利益，發現了磺胺的奧秘，他已經心滿意足了。

巴斯德研究所繼續進行磺胺的藥效研究，研究結果一概公開，但他們的文章並沒有引起大的反響，因為磺胺不能申報專利，對於藥廠來說無利可圖，直到一九三六年五月才由一家法國藥廠推出磺胺類藥物。

英國科學家很快證明了巴斯德研究所的結果，可是拜耳公司一直沒有動靜。

富爾諾並不著急，他知道自己已經在拜耳公司扔了一顆原子彈。

法國人的文章一發表，馬上被譯成德文，在拜耳公司內部散發。最初的震驚過去之後，公司上下的反應是不可能，法國人肯定弄錯了什麼。克萊爾和米奇馬上給了多馬克磺胺，多馬克的檢測結果發現，磺胺不僅有效，而且比百浪多息更有效。

埃爾利希在這一瞬間，從德國製藥業的聖壇上墜落下來。

百浪多息

埃爾利希是德國製藥業的支柱，他為德國製藥業奠定了基石，那就是他本人所鍾愛的染料，德國人堅信只有染料才能成為化學合成藥物。埃爾利希、羅勒、多馬克反覆證實了這一點，但是現在被巴斯德人徹底粉碎了。

研究了八年，居然有這麼大的一個漏洞讓法國人發現了，太丟臉了，克萊爾和米奇與多馬克互相指責，都認為是對方的錯。但是拜耳公司只能自認倒楣，這不是某個人的錯，而是大家的錯，誰讓德國人有那麼深的染料情結。

拜耳公司之前有意阻止對磺胺的深入研究是一個原因，另外一個原因是德國人運氣太差。一九三四年秋天，克萊爾提供給多馬克的 KI1123 就是純磺胺，但多馬克的檢測結果是無效的。讀了法國人的論文，他們才發現，當時試驗用的磺胺有三個原子不同，巴斯德研究所進行了一系列研究，證明磺胺的結構影響它的療效，克萊爾的磺胺恰恰是無效的那種原子結構。

多馬克快氣昏過去了：克萊爾，你是不是故意的呀？

拜耳公司能夠保持冷靜的只有一個人：赫連。他讓雙方冷靜下來，回到實驗室去，他沒有歸罪於任何人，他還有更重要的事情要做。

拜耳公司重新評估了巴斯德研究所帶來的損失。從表面上看，巴斯德研究所的發現使得他們八年的努力成了泡影，但拜耳公司經過分析，認為事情還大有轉圜的餘地。拜耳的牌子很硬，百浪多息已經被很多醫生使用，得到廣泛的認可，加上拜耳公司的銷售能力很強，所以公司決定繼續在市場上強力推出百浪多息，同時研製磺胺類藥物。很快幾種磺胺藥被研製出來，統統取和百浪多息相近的名字，讓人們聯想到百浪多息。這個策略很成功，一年多時間，百浪多息及其姊妹藥物成為拜耳公司第二個最賺錢的藥物，僅次於阿斯匹靈。

一年多以後，多馬克在一次學術會議上承認了磺胺的藥效，但沒有提到巴斯德研究所的研究。不管怎麼說，他研製出了第一個合成抗菌藥物，而且救了自己女兒的命。一九三五年底，他的女兒被細菌感染，生命垂危，是他用百浪多息救活的，沒有這個藥，他的女兒就會送命。

富爾諾實驗室繼續在磺胺藥物的研究和應用上領先，尤其是論文數量大大超過了德國人。

赫連則因為百浪多息的利潤得以投入鉅資研究下一代磺胺藥物。

此時，納粹已經在德國強大起來。

一九三六年奧運會在德國舉行，富爾諾特意前往柏林參加這場盛會。對拜耳公司來說，富爾諾是魔鬼，可是在德國首都，富爾諾是一位很受歡迎的客人，是德國空軍司令戈林的座上客，受到納粹政權的熱情款待。富爾諾對納粹在德國的成功非常欣賞，也極力推動法德兩國在科學技術上的合作。

一九三二年之前，IG 法本公司不支持納粹，之後就和納粹同流合污了。杜伊斯貝爾格於一九三五年去世，赫連很認同納粹的主張，尤其是對猶太人的政策，因此他手下也極少有猶太人，但他不贊成納粹用猶太人進行實驗，他極力遊說，但納粹的態度不變。為了保證自己的研究計畫不受影響，一九三四年他加入了納粹。

拜耳公司在美國市場上緩慢地推出百浪多息，主要是因為美國專利申請的周期太長。拜耳公司於一九三三年在美國為百浪多息申報了專利，直到一九三七年夏天才被批准。

一九三六年七月，在倫敦召開第二屆國際微生物學會議。在會議上，科爾布魯克介紹了他關於百浪多息的研究和治療結果，巴斯德研究所也介紹了他們關於磺胺的研究結果，這樣一來美國人坐不住了。約翰霍普金斯大學來了兩個人，研究臨床的佩蘭．朗格（Perrin Long）和研究動物實驗的埃莉諾．布利斯（Eleanor Bliss）。他們是來這裡報告用血清學治療細菌感染的，現在發現只要回去給病人吃藥就是了。他們馬上給約翰霍普金斯大學的藥房去電報，讓他們不惜一切代價搞到百浪多息或者磺胺，然後取消在歐洲大陸的行程，乘第一班船回美國。

到了巴爾的摩後，他們發現藥房沒有弄到藥物，於是千方百計從杜邦公司的一間實驗室裡搞到了十克磺胺，布利斯馬上進行動物實驗，效果極佳；這時候百浪多息也搞到了，朗格馬上給鏈球菌重感染病人使用，一個又一個的病人奇蹟般地被救活了。和其他醫院不同，約翰霍普金斯大學的先進條件使得百浪多息和磺胺的臨床試驗上了一個臺階，而布利斯在實驗室中也比較了百浪多息和磺胺，證實了巴斯德研究所的發現。

這樣一來朗格忙得腳不沾地，除去看病人就是接電話了，都是各地的醫生來詢問這兩種東西的。這天電話鈴響起的時候他正忙別的事，別人幫他接電話，是一個女人的聲音，要找朗格醫生。朗格接過電話，聽一下，很不耐煩地說：「別開玩笑了，我知道妳不是埃莉諾．羅斯福。」然後掛斷了。幾秒鐘後電話鈴又響了，朗格自己接的，不一會兒他的口氣變得很溫和：「是，羅斯福夫人，我是朗格醫生。」

十二年後，似乎又一位在位美國總統之子將死於鏈球菌感染。

磺胺

小羅斯福已經和杜邦家族的艾瑟爾訂婚，但一九三六年感恩節時，因鼻竇感染而住院。剛剛連任成功的羅斯福總統正乘坐海軍的印第安那號去南非訪問，本來以為不是什麼大事，沒想到感染一直沒有痊癒，直到總統夫人請來了小羅斯福的私人醫生喬治·托比（George Loring Tobey），才確診是鏈球菌感染，應該進行手術。沒想到臨手術之前小羅斯福病情急劇惡化。托比對醫學領域的新進展很熟悉，知道朗格正在使用的抗菌藥物，這才有羅斯福夫人給朗格打電話的故事。百浪多息很快治好了小羅斯福，這件事被媒體廣泛報導，引起了美國的磺胺熱。

這時，磺胺已經在法國、德國、英國廣泛使用，不僅給產褥熱病人服用，甚至給每一個來醫院生孩子的產婦服用，以預防產褥熱。科爾布魯克認為這樣不成，磺胺還是有一定的副作用的，但他的話根本沒人聽。

靠著強大的銷售能力，拜耳公司在很短時間內占據了大部分的市場，尤其是可溶性百浪多息是唯一的可溶解的磺胺類藥物，使得拜耳公司能夠壓倒所有競爭對手。在美國，拜耳公司利用小羅斯福事件大肆宣傳百浪多息，可是產品供應卻跟不上。更要命的問題是拜耳公司在美國的代理商提供給小羅斯福治療用的磺胺是以「Prontylin」為商品名，美國規定這類藥物必須得到發現者的許可才能銷售，美國人認為磺胺是富爾諾發現的，因此拜耳公司在美國賣磺胺類藥物必須得到富爾諾的批准。

赫連無奈之下，只好寫信給富爾諾。富爾諾態度很好，很抱歉地說他把他的實驗室所發現的一切都轉讓給法國藥廠羅納—普朗公司了，赫連得去找羅納—普朗（Rhône-Poulenc）公司。

赫連這下有苦難言，在美國市場最需要百浪多息的時候竟然沒有藥賣，人們只能到處去找。美國藥廠發現這一情況後，馬上跟進，一九三七年上半年，所有美國大藥廠都製出了自己的磺胺。小藥廠也開始進入這個領域，到年底消費者已經可以在藥房買到二十多個品牌的磺胺了。

拜耳公司的藥物研究計畫已經恢復正常了，多馬克、克萊爾和米奇共享德國化學領域的最高榮譽埃米爾·菲舍爾獎章，但發現者的光環還是聚集在多馬克一個人身上。他們已經開始尋找下一代磺胺藥物。一九三七年多馬克發現雙鏈磺胺不僅能對抗鏈球菌，也能對抗淋球菌、葡萄球菌和壞疽菌，這種藥以「Ulron」為名上市，由於二戰開始，這種藥只在德國被廣泛應用。

美國的磺胺熱持續不退，美國前十大藥廠加起來每周生產十噸磺胺，但還是供不應求。

一九三七年夏天，阿拉巴馬州塔爾薩的一位醫生詹姆斯·史蒂文森覺得有什麼事不對勁了，因為本縣有不少人得同一種病，連續有六人不明不白地死了。症狀是先肚子疼，接著停止排尿，昏迷，然後死亡。

一開始，史蒂文森和他的同事們根據症狀將其診斷為腎病，認為也許是某種細菌感染造成的。但是很快發現全縣都有病例，這些病人彼此之間沒什麼接觸，和病人密切接觸過的人也沒事。病人大多是年輕人，有男有女，有住在鎮裡的，也有住在鄉下的。有人認為病人是中毒了，比如飲用水中有毒，可是史蒂文森一琢磨，不對，真要是水中毒，怎麼可能就病了這麼幾個人？

一九三七年在阿拉巴馬州塔爾薩，一下子死了六個人算是很嚴重的事件了，史蒂文森是當年本地醫學學會的負責人，他馬上通知本縣所有醫生，既然大家都沒主見，他只好去翻閱醫學雜誌了。

因為小羅斯福事件，醫學雜誌上全是關於磺胺的研究和治療的文章，對於這類文章，史蒂文森已經讀得要嘔吐了，現在到處都是磺胺，連塔爾薩這麼偏僻的地方，都有十幾種磺胺藥，在藥店裡隨便賣。那些為磺胺唱讚歌的文章，史蒂文森一眼掠過，只有十月二日美國醫學會刊的一篇文章值得他讀一遍。這是一篇編者按，警告讀者，一種新藥這麼快在這麼大的人群中使用會出現問題，磺胺並非沒有副作用，儘管已知的副作用都不嚴重，但是磺胺治療根本沒有劑量一說，因此醫生們要謹慎從事。

一語驚醒夢中人，史蒂文森想起醫生們曾說過，其中幾名病人因為咽喉炎服用了磺胺。他馬上查了一下，果然如此，所有的病人都有一個相同之處：服用了麥森吉爾公司生產的磺胺藥。

十月十一日，史蒂文森給芝加哥的美國醫學會辦公室發了電報，對方答覆聯繫廠家，會火速把藥寄來。隨即，美國醫學會要求在田納西的麥森吉爾公司提供配方。

麥森吉爾公司是撒母耳．麥森吉爾建立的藥廠，麥森吉爾出自醫生世家，自己有醫學學位，但從未行醫。接到美國醫學會的電報後，他找來研發磺胺藥的首席化學家哈樂德．沃爾金斯，並讓他把配方帶來。配方很簡單：將五十八磅磺胺溶於六加侖二甘醇中，再適量加水，加一些染色劑和提味劑，提味劑以覆盆子為基礎，然後加一磅糖精，這是因為黑人和小孩都喜歡吃有甜味的藥物。

麥森吉爾和沃爾金斯仔細琢磨了一遍配方，認為這些東西不可能把人吃死，這個配方的唯一問題在二甘醇上，因為磺胺很難溶解，用酒精效果不好，只能用二甘醇這種工業溶解劑，而二甘醇在護膚產品和藥膏中常用。兩人覺得是不是藥在生產過程中被比如砷、毒物或者重金屬等污染了。儘管以前沒有發生過藥物污染現象，麥森吉爾還是下令馬上進行檢測。

麥森吉爾把配方拍電報發給了美國醫學會，並要求他們嚴格保密，告訴對方本公司並沒有做過磺胺藥的毒性試驗，同時提醒對方，塔爾薩的事件可能是別的藥造成的，因為病人通常會同時服用幾種藥。

生產藥物居然不做毒性試驗，麥森吉爾居然還這麼坦然？

出事了

這是因為美國當年藥物管理基本上等於沒有，歐洲國家也一樣，藥物和食物一樣放任自由。管理藥品的部門是農業部下屬的一個局級部門，一開始叫「化學局」，因為要檢測食物中的有毒化合物，後來改名叫「食品、藥品和殺蟲劑管理局」，最後簡化成「食品和藥品管理局」(FDA)。一九三七年食品和藥品管理局在全美各地只有兩百五十人，只能管管食物運輸。藥品方面，只能檢測一下藥品的標籤是否準確，或者是否符合藥物標準。政府無法管理藥物，美國醫學會只能挺身而出，於一九〇六年開始建立了自己的實驗室，對藥物進行檢測，發表自己的推薦藥物，只有美國醫學會推薦的藥物能夠在醫學雜誌上做廣告。這就是為什麼事情發生後，史蒂文森根本就不通知政府，而是找美國醫學會，美國醫學會也沒有通知政府，認為根本沒有那個必要。

食品和藥品管理局在三天後從一位醫生的口中得知這個消息，很快就上報給局長沃爾特·坎貝耳（Walter G. Campbell）。坎貝耳立即想到這是擴大食品和藥品管理局職權的良機，決定親自負責塔爾薩事件。一位在阿拉巴馬的食品和藥品管理局工作人員奉命於十五日來到塔爾薩，走訪了史蒂文森，證實了他所說的一切。這名工作人員隨即拍電報給坎貝耳。史蒂文森已經要求各藥房停止銷售麥森吉爾公司的磺胺，但沒有找到逆轉腎功能損傷的辦法。同一天兩位食品和藥品管理局工作人員來到麥森吉爾總部，和麥森吉爾、沃爾金斯會面。食品和藥品管理局瞭解到這種藥已經上市一個多月了，在全美到處都有銷售。

儘管麥森吉爾很自信，但食品和藥品管理局工作人員馬上請總部查一下麥森吉爾、沃爾金斯和麥森吉爾公司的底。只發現沃爾金斯在做一種減肥護膚品的時候曾經發過垃圾郵件，而麥森吉爾沒有案底。雖然他的公司曾經兩次在商標上違法，不過很快改正了。對於一家經營了幾十年的公司來說，這個紀錄非常乾淨。食品和藥品管理局工作人員請麥森吉爾停止磺胺藥的生產和銷售，儘管他們沒有權力這樣做，麥森吉爾也願意合作，向他知道的客戶發電報，請他們退貨，由公司負責所有費用。但麥森吉爾公司只能追蹤到供銷商，至於買走藥物的顧客，麥森吉爾公司無從知曉。十月十六日，塔爾薩死亡總數達九人，其中八名是兒童。

坎貝耳希望在全國內禁售麥森吉爾公司的磺胺藥，但他沒有相關法律的支持，藥品行業的遊說勢力太大了。不過坎貝耳找到一個辦法：麥森吉爾公司的磺胺藥品牌叫「Elixir」，對於食品和藥品管理局來說意味著裡面要有酒精，可是麥森吉爾公司的磺胺裡並沒有酒精，用的是二甘醇，這樣食品和藥品管理局就可以用標籤有錯來停止它的銷售。

十月十七日，食品和藥品管理局下令各地的工作人員封存麥森吉爾公司的磺胺藥。次日，食品和藥品管理局將此事通知了麥森吉爾公司，這次沃爾金斯改口了，說自己在白老鼠身上做過毒理試驗，可是當食品和藥品管理局要看試驗紀錄時，他根本拿不出來。沃爾金斯表示過去幾天來，他不僅吃了自己公司的藥，也喝了二甘醇，一點兒問題都沒有。

這時塔爾薩事件死亡總數上升到十三人，新的四例死亡病例出現在聖路易。同日，美國醫學會刊召開記者招待會，公開宣佈麥森吉爾公司的磺胺藥有問題。食品和藥品管理局已經全力以赴，可是發現醫生開出的這種磺胺藥的處方太多，根本無法一一追蹤。

尤其是那些開給黑人的，上面基本上沒有地址和全名。這種藥主要銷往南部鄉村，很多不是憑處方買走的，在追蹤過程中，發現更多的人因為吃了這種藥而死。十八日，美國醫學會的檢驗報告出來了，結果表明磺胺沒有毒，是二甘醇造成的毒性反應。

麥森吉爾依舊堅持自己沒有犯法，沃爾金斯則挺不住，病倒了，他給美國醫學會發電報，詢問是否有二甘醇有毒的紀錄，對方回答說沒有。

十月二十六日，死亡總數上升到三十六人，十月底達到六十七人，還有很多可疑死亡病例。食品和藥品管理局成功地回收了總數為兩百四十加侖藥物的百分之九十九。這件事導致美國的磺胺熱迅速降溫，以至於美國醫學會不得不大力吹噓磺胺。

十一月三日，麥森吉爾發電報給美國醫學會：我沒有違法。

八個月後，沃爾金斯對著自己的腦袋開了一槍，結束了自己的生命。

十一月二十五日，國會就此事舉行聽證會，農業部長亨利・華萊士（Henry Agard Wallace）向國會報告了情況。三百五十三名服用麥森吉爾公司「Elixir」磺胺的人，至少七十三人死亡，還有二十多例死亡正在調查中，死亡總數肯定會超過一百人，如果不是食品和藥品管理局採取果斷行動，兩百四十加侖磺胺藥會毒死至少四千五百人。華萊士的報告表明聯邦政府少有的強勢姿態，其目的是針對一九〇六年的食品和藥品法案。

一九〇六年食品和藥品法案是老羅斯福總統推行改革時期制定的法案，旨在監管食品和藥品安全。但這個法案經過三十年的執行，已經很不適應當時的情況，特別是法案側重於食品，三十年間幾乎沒有改變。該法案並不要求藥物在銷售之前在動物或者人身上進行安全性檢測，也不要求藥廠提供有效證據。除尼古丁外，任何藥物都可以自由買賣，不需要醫生處方，藥物的標籤上不必列出成分、劑量和副作用。唯一的管制是關於藥品廣告的，法案禁止在包裝上有不實之詞，但這只適用於包裝，廠家在報紙和廣播裡做廣告時可以隨便說。

二十世紀初，專利藥物是美國社會的一大組成部分，美國人自己給自己治療，自己決定買什麼藥。藥廠研製出新藥後申請專利，拿到專利後就開始廣告攻勢。二十世紀三〇年代，美國衛生保健費用的十分之一用在專利藥上，平均每個美國人每年買三到四瓶藥。藥物是美國第四大產業，其中一半產值來自專利藥，每年達十億美元，這還是在大蕭條時期。

藥不能自己想吃就吃

因為太賺錢了，專利藥物行業勢力非常大，雇用了龐大的遊說集團影響國會，不僅不讓政府對一九〇六年法案進行改善，而且盡可能使之無效。一九一二年又加入了一條修正案：如果認為藥廠有虛假廣告行為的話，比如某藥廠宣稱它的某種藥能治某種腫瘤，政府不能以證明這個藥有沒有效來做決定，而是要以證明這個藥確實無效來做決定，對於食品和藥品管理局來說，做到這一點太難了。結果美國藥物市場什麼都有，包括一些有毒的藥物。

一九三三年，羅斯福總統上臺，大搞新政，坎貝耳覺得機會來了，找到農業部副部長雷克斯福德·特格韋爾。特格韋爾是羅斯福的智囊之一，主張激進的新政，向蘇聯學習，被政治對手指責是美國的史達林。特格韋爾和坎貝耳很快向國會提出加強藥物管理的「特格韋爾提案」，結果在國會碰得鼻青臉腫，不僅遭到廠家的反對，也遭到零售商、廣告公司的反對。因為專利藥廠總部大多在南部，來自南部州的議員們群起反對，很多選民也反對，因為這樣一來就侵犯了他們自我治療的權利。支持特格韋爾提案的是消費者、婦女團體和一些醫生。一場交鋒下來，特格韋爾提案無疾而終，特格韋爾也離開政府，回到大學繼續當他的經濟學家去了。

坎貝耳並沒有灰心，因為另外一個人扛起了改革藥物法的大旗，他就是來自紐約的參議員羅夫·科普蘭。

科普蘭是醫生出身，但他學的是替代療法。此時美國已經沒有多少這樣的醫生了，他是其中的佼佼者，在報紙上有自己的專欄，有自己的廣播節目，還靠授權藥廠使用自己的名字做廣告而賺了大錢。他提倡大家多鍛鍊，注重飲食的健康。他口才不好，在參議院，只要他發言，參議員們都紛紛離去。雖然他是民主黨，但屬於保守派，在觀點上更接近於共和黨，以致他連任時沒有獲得羅斯福的支持。

坎貝耳和科普蘭是在幾年前處理一起食品污染事件中有了交情的，當時科普蘭是紐約市衛生局長，他很好地處理了事件，贏得了食品和藥品管理局和廠家的讚揚。科普蘭的醫學背景、他和專利藥物行業的關係、他和廣告界的關係，以及他的保守派的政治立場，使得他是唯一能夠使各方面坐在一起的人。

經過幾年努力，科普蘭還是不能對一九〇六年法案進行絲毫的改革，而塔爾薩事件的發生，改變了一切。由於死亡基本上發生在南方，南方議員面臨選民巨大的壓力，轉而支持政府加強藥品管理，一些大藥廠也支持政府嚴格管理藥物，因為這樣可以幫他們減少競爭對手。科普蘭對自己的提案進行了修改，在這個新版本中，前幾年所有的妥協和讓步都不算數了，包括廠家必須提交安全資料和所含成分，新藥銷售必須經食品和藥品管理局批准。

一九三八年六月二日，國會通過了新的食品、藥品和化妝品法案，從這時起，在美國，藥物上市之前必須檢測其安全性，標籤上必須列舉所有的有效成分和警告。如果發現藥品對健康有影響，食品和藥品管理局有權禁止其銷售，這個法案成為今天美國和很多國家藥品管理的基石。

這是科普蘭平生最偉大的成就，但對於他來說，代價太大了，兩周後，科普蘭因為心臟衰竭去世，原因是長期工作過度疲勞和承受巨大的壓力。這位讓美國人享有藥品安全的人為此獻出了自己的生命。

一周後，羅斯福總統在法案上簽字使之生效，這是羅斯福新政的最後一項。

這個法案迫使有實力的公司擴大研究規模，使得美國的藥物研究取代德國，佔據了世界首位。而那些專利藥廠被擠出藥品領域，只能去生產非處方藥。美國的藥品市場由亂而治。

一九三八年六月，麥森吉爾受到起訴，因為事件發生在新法生效之前，只能用舊法定罪，罪名是標籤有錯。麥森吉爾的律師建議他認罪，最後沒有人入獄。麥森吉爾公司交了一筆自一九〇六年以來最大的罰款，兩萬六千美元，合每名死者兩百五十美元。

一九三九年初，腦膜炎又開始在蘇丹流行了，這已經是這個病連續五年流行了。前四次流行中，該病的死亡率高達三分之二，已經殺死了一萬五千名蘇丹人。這次流行後第一批發病的四十一名病人很快死了三十三名，當地的英國醫生能做的只是照顧病人。

當地診所裡有三瓶磺胺樣品，在路上碎了兩瓶，這是準備治療鏈球菌感染和肺炎的，在沒有其他辦法的情況下，他們準備給腦膜炎病人用磺胺。但是病人們已經昏迷了，不可能吃藥。他們便把加水磺胺磨碎，給二十一名病人注射進去。醫生們本來沒有抱任何希望，可是過了幾天，所有被注射的病人都活得很好。他們馬上發電報，要求支援更多的磺胺。藥物到手後，他們挨村走訪，給所有能見到的病人注射磺胺藥，一共治療了超過四百名病人，其中百分之九十以上存活，並且終止了腦膜炎的流行。

這是到那時為止最大規模的磺胺臨床試驗，在此之前，磺胺對腦膜炎是無效的，而這次用的磺胺，是一家英國藥廠梅和貝克（May & Baker）公司生產的新型磺胺藥M&B693，本來是用於治療肺炎的。

奧秘

羅納—普朗是梅和貝克公司的大股東，在巴斯德研究所發現磺胺的效果後，梅和貝克公司便開始研究磺胺。他們把磺胺和不同原子組合，希望能找到更廣泛、更為有效的藥物，他們也沒什麼目標，就是逮到什麼化學原子就用什麼。一九三七年十月，一位技術員從實驗室的架子上拿起一個落滿灰塵的瓶子，上面寫著氨基吡啶，製備日期是七年前。當時做這個化合物的人已經離開公司了，為什麼做這東西沒人知道。這位技術員將磺胺和氨基吡啶結合，編號為 M&B693，送到動物實驗室進行檢測。

磺胺藥問世後，到處都在進行動物實驗，搞得全球實驗動物緊缺，梅和貝克公司實驗用的鏈球菌感染的小鼠也斷貨了，不巧動物實驗室負責人又度假去了，動物室的技術員擅自決定用肺炎小鼠檢測。肺炎是當年導致死亡的最嚴重的疾病，但醫學界只有血清學療法，可這種療法一來昂貴，二來很難在全球使用。

然而 M&B693 在肺炎模型小鼠身上見效了，重複幾次檢測，結果都是一樣的。除了肺炎之外，M&B693 對腦膜炎、葡萄球菌感染和淋球菌感染都有效，被稱為「磺胺吡啶」。這個藥的安全性也很好，在臨床試用期間將肺炎病人的死亡率從百分之二十七降到百分之八，很快每個英國醫生都用它來治療肺炎病人。

但磺胺吡啶在美國姍姍來遲，主要原因是新的法律。磺胺吡啶於一九三八年十月上報美國食品和藥品管理局。儘管肺炎流行的季節到了，各地的醫生們呼籲儘快批准磺胺吡啶上市，但食品和藥品管理局依舊按部就班，在美國醫學會幫助下，直到一九三九年春天才最後上市，而且只能憑處方購買。磺胺吡啶的審批奠定了美國新藥審批程序的基礎。

磺胺吡啶一經上市，肺炎的血清學療法就壽終正寢了，美國最大的肺炎血清供應商只好結束了這個業務，把兩萬八千隻提供血清的兔子都處理了。磺胺吡啶每年起碼能夠救三萬三千名美國人的生命，從此肺炎也不再是頭號殺手了。

從磺胺吡啶開始，各國藥廠開始按這個思路去找新的磺胺藥。一九四〇年，比磺胺吡啶效果更強的「磺胺嘧啶」問世。到一九四二年，多達三千六百種磺胺類變種藥物被合成出來加以研究，在美國市場上銷售的就起碼有三十種。這樣一來，法國人就落在後面了，德國人也好不到哪裡去，拜耳公司的百浪多息和純磺胺的銷售大幅度下滑。每一種新的磺胺出現，對百浪多息都是沉重打擊。論效果，磺胺吡啶是百浪多息的六倍，「磺胺噻唑」是百浪多息的五十四倍，磺胺嘧啶是百浪多息的一百倍。除了療效好之外，新研發出的磺胺類藥物還比百浪多息和純磺胺能對付更多的疾病。

雖然最先研發出了百浪多息這一磺胺類藥物，但是，多馬克和富爾諾還是無法解釋磺胺是怎麼在抗細菌感染中起作用的，等這個謎團終於被英國科學家唐納德・伍茲和保羅・費爾德斯解開時，距多馬克發現百浪多息已經八年了。他們發現磺胺並不是一個魔球而是迷魂藥。磺胺有一個特點，就是當周圍有死細胞和大量膿存在時效果就不好。

伍茲和費爾德斯從這一現象開始研究，他們發現讓磺胺效果不佳的是一種叫對氨基苯甲酸的小分子，這種東西與磺胺在性質和特性上幾乎一模一樣。細菌繁殖需要對氨基苯甲酸，有些細菌自己能合成對氨基苯甲酸，有些則依賴外界供應。

當有磺胺存在時，細菌則把磺胺當成對氨基苯甲酸吸收進來，但磺胺並不能提供營養，於是細菌就餓死了。但當有死細胞和膿存在時，它們會分泌出大量的對氨基苯甲酸，細菌就用不著飢不擇食地吸收磺胺了。對於那些自己能合成對氨基苯甲酸的細菌，磺胺的障眼法就失效了。磺胺及其變種對傷寒、結核、霍亂、炭疽無效就是這個道理。

美國醫學界仍繼續大量使用磺胺，一九四一年，美國藥廠一共生產了一千七百噸磺胺，每年有五萬人被磺胺救活。

一九三九年，多馬克和家人在海邊度假別墅度假，但八月底當地發現了一枚水雷，多馬克決定縮短假期，回到公司後又馬上去柏林出差，正好趕上第二次世界大戰爆發。多馬克趕回家，準備應召入伍，但納粹政府並沒有找到他頭上。

對納粹的不認可和作為一名德國人的義務之間的矛盾使得多馬克在二戰開始後陷入輕微憂鬱症之中。到了十月，他得了流感，自己給自己吃百浪多息，他還是認為這是最好的磺胺藥。十月二十六日，他強撐著去實驗室接待了一批參觀者，下午回家休息，接到一位瑞典記者的電話，詢問他的研究情況和所獲嘉獎。晚上那位記者再來電話，祝賀他獲得一九三九年諾貝爾生理學和醫學獎，午夜他收到正式電報，隨後是各媒體的電話。

多馬克對獲獎很高興，因為他能和柯霍、埃爾利希共用同一榮譽，但他也很焦慮，因為一九三五年諾貝爾和平獎授予了正在納粹集中營裡的卡爾·奧西茨基（Carl von Ossietzky）後，希特勒便禁止德國人接受諾貝爾獎。雖然奧西茨基於一九三八年因結核死於集中營，但這項禁令並沒有取消。

多馬克只把消息告訴了自己的上司，對方讓他一定要保密，果然德國的報紙上隻字未提這件事。奧西茨基事件之後的三年中，諾貝爾獎委員會並沒有授予任何德國人諾貝爾獎，但一九三九年卻一口氣頒給了三個德國人。另外兩名是因故推遲宣佈的一九三八年化學獎獲得者——奧地利人理查·庫恩（Richard Kuhn）和一九三九年化學獎獲得者——德國人阿道夫·布特南特（Adolf Friedrich Johann Butenandt）。

庫恩和布特南特得知獲獎消息後，很快接到外交部的指令，要他們拒絕領獎。一個月後，他們被教育部叫到柏林，在教育部他們見到的是黨衛軍的一位准將，還有另外一個人在場，並未做自我介紹。桌子上放著三封打好的信，兩人面前各一封，另外一封應該是多馬克的。信是寫給諾貝爾獎化學委員會的，內容一樣：拒絕領取諾貝爾獎，不僅僅因為這違反德國法律，更因為諾貝爾獎委員會頒獎給他們的目的是讓他們對抗法西斯。兩人希望對信的內容進行修改，但被告知信中每一個字都經過希特勒本人批准，不能修改。兩人只好簽字，並且他們被要求回家後把信寄出。

庫恩和布特南特拿著信走出教育部，這才想到沒有在場的多馬克，他正在蓋世太保的監獄裡。

「兔子」

諾貝爾獎委員會並不是搞政治化，他們已經避免給德國人頒獎三年，算相當克制了，當時科學大國數來數去也就是英國、法國、德國和美國，再不給德國人機會實在說不過去，加上奧西茨基已死，一九三九年諾貝爾獎評獎時，就沒有顧忌了。

但諾貝爾獎生理學和醫學評選委員會主席、瑞典病理學家韓森（Folke Henschen）多了一個心眼，在得知多馬克有可能獲獎後，他馬上給戈林去信，詢問德國政府對諾貝爾獎的態度，戈林沒有回信。韓森接著找到德國大使館文化專員，此人認為這對德國科學是好事，主動給本國政府寫信，建議取消禁令，政府回覆：對此不歡迎。韓森把這個結果通知了生理學和醫學評選委員會，但委員會認為如果因政治而改變評選結果的話，會有損諾貝爾獎的公正。委員會繼續評選，一致贊同將這一年的生理學和醫學獎授予多馬克。

多馬克去找明斯特大學的校長，因為他還掛著明斯特大學教授的頭銜。校長找教育部長詢問，答覆是等著。校長又幫他找國內事務部部長，解釋說這是科學獎，是瑞典人頒發的，諾貝爾和平獎是挪威人頒發的，但還是沒有結果。十一月三日，多馬克致電諾貝爾獎委員會，告訴他們不知道自己能否參加頒獎典禮。

十一月二十七日，蓋世太保來到他家，進行搜查後把他逮捕了，在監獄裡他問自己被逮捕的原因，得到的答案是對瑞典人太客氣了。在監獄中，他因為焦慮而胸痛，一周後才被釋放。幾天後，在去柏林做科學報告的路上，他被通知前往蓋世太保的辦公室，那裡有一封拒絕諾貝爾獎的信，多馬克在上面簽了自己的名字。

他用不著擔心參加不成諾貝爾獎的頒獎儀式了，因為由於二戰的原因，一九三九年的頒獎儀式取消了。

獎沒有領到，多馬克裡外不是人，米奇和克萊爾十分不滿，尤其是克萊爾，藥是他合成出來的，可是功勞和他一點兒關係都沒有。克萊爾失望之下，對科學沒了興趣，徹底停止了研究工作，轉到拜耳公司其他部門，從此和科學絕緣了。

一九三九年諾貝爾獎給了多馬克，的確有可商榷之處。百浪多息的研製，克萊爾和米奇，甚至赫連都有巨大的貢獻，還有確定磺胺效果的富爾諾團隊也功不可沒。在此之前，新藥研製都是少數人的研究行為。從百浪多息開始，新藥研究是團隊專案，有很多人參與，常常由企業來做，非常難以確定是哪個人或者哪幾個人的貢獻，諾貝爾獎也因而從此極少授予新藥研製者。

多馬克出獄後，忍著胸痛繼續尋找新一代磺胺類藥物。就在德軍佔領波蘭之時，他的團隊研製出了「甲磺滅膿」，對壞疽效果最好。他希望德國軍隊能夠用上這種藥，這樣再也不會出現一戰時他在烏克蘭前線醫院所見到的那種情況。

此時，科爾布魯克以上校身份入伍，來到馬其諾防線，負責評估磺胺使用的情況。在馬其諾防線，他和給法國士兵使用磺胺的富爾諾團隊合作，進行了大量的研究。本來以為這場戰爭會和一戰一樣是壕溝戰，沒想到馬其諾防線形同虛設，科爾布魯克倉皇撤回英國，實驗儀器和資料全丟了。其後一年中，他繼續證明磺胺的重要性，終於得到軍方認可，到北非戰役時，英軍已經配備了足夠的磺胺，嚴重的傷口感染已經很罕見了。

德軍勢如破竹，輕易地進入巴黎。富爾諾並沒有跑路，他根本不在乎拜耳公司對他恨之入骨的敵視，因為他在納粹中很有人脈。德軍佔領巴黎後，他繼續在巴斯德研究所進行他的研究工作。

磺胺的藥效引起德軍的注意緣自一起突發事件。一九四二年五月底，希特勒愛將、希姆萊的副手萊因哈德．海德里希遇刺，醫生們馬上進行了手術。希姆萊聞訊後派自己的私人醫生卡爾．吉布哈特等人前往布拉格，他們認為還需要再做一次手術，術後進行了輸血及磺胺治療。治療後，海德里希狀態穩定。與此同時，德國人把捷克刺客包圍在布拉格一間教堂的地下室內，刺客彈盡之際自殺。

但沒想到幾天後海德里希體溫突然升高，出現感染，醫生們加大磺胺用量，還是不能控制血液感染。六月四日，海德里希去世。

當天，德國人為此殺死了一百五十二名猶太人，海德里希的屍體被運回柏林，希特勒參加了葬禮。一周後，德軍來到曾經為刺客提供藏身之地的小村莊利迪澤，殺死了村裡所有的成年男子，將婦女和兒童送進集中營，村子徹底被毀滅。

還在悲傷之中的希特勒聽自己的私人醫生說，負責搶救海德里希的吉布哈特過於依賴手術，沒有給予足夠的磺胺治療而導致病人死亡，如果使用磺胺得當的話，是能夠救海德里希的命的。希特勒大怒，召吉布哈特質問，吉布哈特否認。為了證明自己的清白，由他負責，開展了一項新的醫學研究計畫。

利迪澤的婦女們被送進了拉文斯布呂克集中營（Ravensbrück concentration camp），這裡主要關押著波蘭婦女，大多是政治犯和猶太人，很多人已經被判處死刑。一九四二年六月二十七日，十五名集中營裡的波蘭婦女被叫到總部，在確認身份後，由集中營的年輕女住院醫師赫塔・奧伯休賽測量她們的腿部長度。奧伯休賽剛剛從醫學院畢業，這是她能找到的女醫生最好的工作。檢查結束後，她們被帶到集中營診所，在那裡接受麻醉和腿部手術。她們的腿部被切開，傷口附近的血管被結紮，給傷口倒入細菌培養液後才縫合。之後給她們使用不同劑量的磺胺進行治療。這是在複製海德里希的情況。

除了吉布哈特外，黨衛軍的醫學總管恩斯特・格拉維茨（Ernst-Robert Grawitz）也觀摩了這次實驗。第一組的十五名實驗者無一死亡，格拉維茨認為是實驗設計有問題，沒有重複海德里希當時的情況。再進一步的實驗是，泥土、玻璃碎片和碎木渣被加到傷口中，骨頭被折斷，組織被切除，並嘗試移植，甚至真的對著腿開槍，等感染出現後，再進行手術和磺胺治療。為了設立科學對照，一部分人不給予磺胺藥。一些參與實驗的婦女死亡，剩下的留下可怕的傷疤，人們稱她們為「Kaninchen（兔子）」。

當集中營裡的婦女們意識到發生了什麼事後，她們開始反抗，格拉維茨及其手下繼續實驗，甚至不用麻醉藥。一九四三年八月，當德國人下令擴大實驗規模時，集中營裡的波蘭婦女罷工，拒絕做實驗用的「兔子」，導致實驗停止。後來一支盟軍部隊出現在附近，德國人開始盡可能地殺死所用的「兔子」，而集中營的人們盡可能將「兔子」們藏起來，最後有五十多人活了下來。在紐倫堡審判中，其中兩人出庭作證，揭露納粹用活人做實驗的罪行。

奧伯休賽被判入獄二十年，五年後被釋放，在一所私人診所工作，被發現身份後她的執照被吊銷，以廚師為業。吉布哈特被吊死，格拉維茨於戰爭結束前在柏林自殺。

青黴素

在海德里希遇刺之前，德軍對磺胺的作用仍然半信半疑，希特勒本人反對動物實驗，因為他周圍的醫生們一直強調磺胺的副作用。海德里希死後，多馬克應邀給一組德軍軍醫進行關於磺胺藥效的現場演示，在實驗小鼠身上進行的實驗非常成功，加上拉文斯布呂克集中營的實驗，德軍高層終於同意了，給每個德國軍人備混合磺胺粉，此後德軍中的壞疽發生率直線下降。

到一九四三年，英軍和德軍或由士兵隨身攜帶磺胺，或為隨軍醫療隊配備磺胺。每個美軍士兵也會隨身攜帶一到兩包磺胺粉，可以用一隻手塗在傷口上。交戰雙方都加緊生產磺胺，可是依舊供不應求。

蘇軍就沒有這麼幸運了，日軍也一樣，在太平洋戰場上，磺胺是美軍取勝的因素之一。當紅十字會給美軍戰俘送磺胺藥時，日軍看守願意用任何東西來交換，美軍戰俘索性做假藥片和日本看守交換食物和香菸。

一九四三年十二月十一日，邱吉爾在開羅上了飛機，前往突尼斯，打算在艾森豪處休息幾天。因為實在是太疲憊了：他之前在結束和蔣介石的會談後，緊接著又去了雅爾達和羅斯福、史達林見面，然後才返回開羅。這一連串的飛行讓已經六十九歲的邱吉爾感到筋疲力竭，加上去突尼斯的飛機又因故延遲，讓邱吉爾不得不在沙漠的寒風中待了一個多小時。等他終於到達艾森豪的住處時，咽喉已經腫得說不出話來了，第二天就發起了高燒。他的私人醫生不知道病因，而且本地的醫療條件很不好，也沒有實驗室能夠查出是哪種細菌感染，連牛奶都找不到，只好向開羅求援。

開羅迅速派來了一組醫療人員，檢查結果顯示邱吉爾的白血球計數正常，等X光機到了後，發現他的左肺葉有陰影。此時邱吉爾已經出現心臟衰竭的症狀了，各地的專家相繼被請來，但邱吉爾的症狀卻越來越嚴重，醫生們只好通知邱吉爾家人。

在第二次世界大戰的關鍵時刻，英國的領袖就要病死了。絕望之際，醫生們給邱吉爾使用了M&B693，磺胺展示了它的威力，邱吉爾的體溫恢復正常，開始進食，到耶誕節時，他已經能夠參加會議了。

磺胺達到了輝煌的頂峰。

之後就是衰落之路了，因為終於有人能夠生產出足以替代它的產品——青黴素（Penicillin）了。青黴素的發現者是弗萊明。

一九二八年，弗萊明成為倫敦大學的細菌學教授，此時他已取得了不少成就，包括發現了溶菌酶。這年夏天，他和家人一起去度假，九月三日才返回實驗室。那段時間弗萊明一直在進行葡萄球菌的研究，走以前他把那些葡萄球菌的培養基放在實驗室一角的檯子上。回來以後，他發現有一個培養基被真菌感染了，奇怪的是，靠近感染部位的菌團都被殺死了，遠離感染部位的菌團都沒事。弗萊明將被污染的東西進行培養，發現這是一株青黴菌，能夠釋放出一種物質，可以殺死很多致病菌。

某種細菌可以抑制甚至殺死其他細菌的現象從巴斯德開始就不斷有人發現，但一直沒有人當回事。弗萊明將這種東西叫做青黴素，並進行了一系列實驗。他發現青黴素對革蘭氏陽性細菌有效，對他正在研究的革蘭氏陰性細菌無效，但淋球菌是個例外。

弗萊明於一九二九年在英國《實驗病理學》（BritishJournal of Experimental Pathology）雜誌上發表了青黴素的研究結果，反響寥寥。他繼續進行研究，但發現培養青黴菌很困難，培養成功後分離更困難，這讓他覺得青黴素不可能用於治療感染。而且青黴素在人體內存活的時間太短，不足以殺死細菌。所以青黴素在人體上的試驗基本上無效，當時的醫生們只把青黴素當成皮膚殺菌劑用。最後弗萊明也放棄了，轉到研究化學藥物上，但他還是十年如一日地堅持進行青黴菌的傳代。

弗萊明將自己那株青黴菌連續傳代了十二年，可是始終沒有找到提純的辦法，也沒有廠家願意投入費用進行研究，弗萊明終於死了心，專心致志研究磺胺去了。一九四〇年八月，一份醫學雜誌上發表了一篇文章，證明提純青黴素在實驗小鼠身上對葡萄球菌感染有效。弗萊明非常激動，因為這是十年來唯一一篇關於青黴素的動物實驗報告，更重要的是，這篇論文的作者解決了提純青黴素等難題，他自己多年來始終無法提純出能在動物身上起作用的青黴素劑量，就更不要說給人用了。

弗萊明看了一下作者，是牛津大學霍華德·弗洛里（Howard Walter Florey）實驗室的恩斯特·錢恩（Ernst Boris Chain）等人。澳大利亞人弗洛里畢業於劍橋，是牛津大學的病理學教授，弗萊明知道他的實驗室在進行抗菌藥物的研究，便馬上打電話找到弗洛里，說自己打算幾天後去拜訪一下。

弗洛里放下電話，到實驗室找到錢恩，告訴他青黴素的發現者過兩天要來，錢恩大吃一驚：「就是那個弗萊明？我以為他早死了。」

錢恩的父親是俄國猶太人，母親是德國人，在腓特烈威廉大學獲得化學學位。納粹掌權後，作為猶太人，他覺得德國不能待了，便移民英國，到劍橋大學，在伍連德的老師、因為發現維生素而和埃克曼共享一九二九年諾貝爾生理學和醫學獎的佛雷德里克·霍普金斯（Frederick Gowland Hopkins）手下工作。一九三五年出任牛津大學病理學講師，研究溶菌酶和生化技術，一九三九年來到弗洛里手下進行抗菌藥物的研究。

弗洛里翻出了弗萊明九年前發表的論文，兩人覺得值得研究。弗萊明用酒精提取青黴素，錢恩改用乙醚提取，正因為能溶於有機溶劑，錢恩認為青黴素不是酶，而是小分子化合物，很快他們確定了青黴素的分子結構。

但是他們和弗萊明一樣面臨青黴素不穩定的問題，學化學的錢恩覺得能夠找到解決的辦法。此時戰爭眼看就要爆發，磺胺類藥物在有膿血存在時無效，而青黴素在這種情況下依然有效，很值得研究下去。弗洛里找來資助，加快了研究的步伐，經過各種實驗，他們終於製成一百毫克的粉末，給實驗小鼠進行體內注射，證明青黴素有體內殺菌作用。

弗萊明來到牛津，彼此都很激動，但並沒有給弗洛里和錢恩任何幫助，他們的論文和當年弗萊明的論文一樣幾乎沒有反響，也沒有廠家願意投入，英國各藥廠的注意力全在磺胺上。弗洛里和錢恩繼續改進青黴素培養和提純的辦法，到一九四一年上半年終於有了可以用於病人的劑量。第一例接受青黴素治療的病人一開始狀況不錯，但由於沒有足夠的青黴素進行後續治療而死亡，還有一例病人死於其他原因，其後兩例病人由於使用了足夠的青黴素而痊癒。

臨床結果發表了，但還是沒有找到合作廠家。這種只治療了四個病人而且還死了兩個的報告和鋪天蓋地的磺胺類藥物臨床報告相比實在是太寒酸了。磺胺類藥物一用，通常是百分之百有效，而且這類藥要多少有多少，成本也比青黴素便宜多了。醫學界主流思路都在合成藥物上，這種比抗血清療法好不了多少的生物藥物在大多數人眼中是過時的東西。英國被捲入二戰後，所有的資源都被調動到軍中去了，弗洛里沒有辦法在英國繼續研究下去，在洛克菲勒基金會的資助下，一九四一年七月，他帶著諾曼・希特利來到美國，隨身攜帶著一小包青黴素和冷凍乾燥的青黴菌。

來到美國後，他們和美國農業部首席真菌學家查理斯・索恩會面。早在一九三〇年，索恩就收到了弗萊明的樣品。他將樣品分送給對此有興趣的真菌學家，最後只有一位證實了弗萊明的發現。這次會談，使索恩意識到青黴素的潛力，美國科學研究和發展辦公室及其醫學委員會決定一方面研究大量發酵青黴素的方法，另一方面搞清青黴素的分子結構，然後合成青黴素。很快美國有三十九個藥物實驗室進行合成青黴素的研究。

抗生素

一九四一年十二月，日本偷襲珍珠港，造成大量美軍傷亡，還好珍珠港醫院中有大量的磺胺，每名傷患都服用了足夠的磺胺，使得美軍歷史上第一次出現戰爭中無人因感染而截肢、無人因感染而死亡的情況。珍珠港事件之後，美國參戰。雖然有足夠的磺胺，美國依然有急迫感，決定加快青黴素研究。

被選為青黴素發酵研究的地點是農業部設在伊利諾州皮奧里亞的北方區研究實驗室（NorthernRegional Research Laboratory，NRRL），此時這裡正在進行玉米漿的研究。弗洛里和希特利來到皮奧里亞實驗室後，用這裡的深罐進行培養，並在培養液中加入玉米漿，使得青黴素的產量提高了十倍。這種深罐培養使得青黴素工業化生產成為可能。

但是，產量還是太低。他們所用的青黴菌還是弗萊明發現的那株，於是，研究人員到處找高產青黴菌，最後在皮奧里亞農貿市場裡一名叫瑪麗．漢特的農民賣的一個發黴的哈密瓜上找到了一株高產菌株。

青黴素的生產水準不斷提高。一九四二年三月，用青黴素治好一例鏈球菌敗血症病人，已經用去了半數庫存；到一九四二年六月，庫存青黴素就可以治療十個病人了；到一九四三年，青黴素的產量已經可以提供給軍隊使用了；一九四三年秋天，開始向戰區供應，但成本還是很高，要二十美元一個劑量，因此只能給有生命危險的傷患使用。一九四三年，軍用的青黴素佔用了青黴素產量的百分之八十五，為兩千三百一十億單位；到一九四四年，青黴素產量達到一萬六千三百三十億單位。到諾曼地登陸時，盟軍有三千億單位、十萬劑量青黴素的儲備。一九四五年青黴素產量達到七萬九千五百二十億單位。一九四六年時每劑量成本只有五十五美分。

青黴素的神奇效果開始廣為人知，很多國家相繼開始研製青黴素。有關青黴素純化的論文相繼發表，但具體生產方法屬於軍事機密。不同菌種青黴素的產量相差懸殊，高產菌株如稀世珍寶，美國各藥廠均嚴守秘密，外人根本無法拿到，只能自力更生。

此時中國人也在研製青黴素。抗日戰爭烽火連天，在雲南昆明西山的一片平房中，那裡是流亡到此的國民政府中央防疫處所在地，處長湯飛凡得知美國青黴素工業生產成功的消息後，決定自行生產青黴素。

為了尋找高產青黴菌菌株，中央防疫處上上下下掀起了尋黴熱，全體職工及家屬從早到晚到處尋找綠毛，找到後拿去分離。一次又一次分離，一次又一次失敗。終於有一天，技正盧錦漢發現自己破舊的皮鞋上有一團綠毛，拿到實驗室，從中分離出一株高產菌種，用這一株菌種，生產出了每毫升二〇〇～三〇〇單位、每瓶兩萬單位的國產青黴素。

中國中央防疫處 (National Epidemic Prevention Bureau，NEPB) 因此天下聞名。《科學》雜誌於一九四三年派專人前來採訪時，發現中國的青黴素生產廠房是這個樣子的：沒有自來水，只有一台又舊又漏，而且每天用完後都要修理的鍋爐；用過的瓊脂要回收使用，回收的設備是一隻破木船，放在湖裡進行透析；沒有商品蛋白腖供應，完全靠自己製造；胃酶用完了，就從自己養的豬的胃裡提取……

中國之所以存在，是因為有中國人。中國之所以不亡，是因為中國人不肯低頭。

青黴素雖已進行批量生產，但包括多馬克在內的德國科學家和世界上大多數科學家都傾向於合成藥物。雖然多馬克進行了青黴素和磺胺的比較實驗，證明兩者對很多細菌性感染都一樣有效，但磺胺生產流程已經建立了，要比從綠毛中提取青黴素容易多了，科學家們認為提取青黴素像中世紀巫術一樣，不是現代科學的路數。

雖然鍾情於化學藥物，但德國人也在研製青黴素。一九四二年十月，赫連參加了一次有關會議，得知 IG 法本公司的另外一位科學家正在尋找批量生產青黴素的方法。研究有了一定進展後，在希特勒一位私人醫生的指揮下，納粹準備在一些由猶太人做苦工的工廠裡進行青黴素工業化生產。可是在研究就要成功之時，青黴素研究基地遭到盟軍轟炸，計畫被迫停止，二戰期間德國沒有獲得生產青黴素的能力。

由於青黴素大批量生產時二戰已經接近尾聲，青黴素並沒有影響戰爭的結局，加上德國有的是磺胺，對付傷口感染不是問題。但青黴素的成功，打開了抗菌藥物的生物領域。在青黴素之後，各種抗生素相繼被發現。

一九四三年，美國羅格斯大學賽爾曼·瓦克斯曼實驗室（Selman Abraham Waksman）從土壤裡的細菌中分離出鏈黴素，這是第一種氨基醣苷類藥物。瓦克斯曼實驗室後來相繼發現了新黴素、鏈絲菌素、棒麯黴素、灰黴素和放線菌素等。鏈黴素是第一種能夠治療結核的抗生素，也是第一種治療鼠疫的藥物，鏈黴素的出現使得黑死病不再是不治之症。鏈黴素出現之前，人們對付結核病的方法，一是加強公共衛生教育，比如不要隨地吐痰，二是靠免疫。BCG 於一九〇六年研製成功，直到二戰後才被廣泛應用，但疫苗的效果並不理想。隨著鏈黴素的出現，到一九五〇年，人群中結核死亡率只有一百年前的十分之一。但是和基本上沒有什麼毒性的青黴素相比，鏈黴素的毒性太大，特別是會導致永久性耳聾。

瓦克斯曼創造了一個新醫學名詞——抗生素，指微生物的代謝產物和人工合成的類似物，其主要用途是抑制其他微生物的生長或者將其殺死，一般情況下對宿主不會產生嚴重的副作用。在自然界中，存在著大量的微生物，各種微生物之間為了生存彼此競爭，抗生素就是微生物生存競爭的產物。使用抗生素，是人類借用微生物的競爭手段以抵禦有毒微生物、對抗傳染病的方法。

抗生素的出現，使得磺胺開始過時了。一九四五年，弗萊明、弗洛里和錢恩共享諾貝爾生理學和醫學獎，一九五二年瓦克斯曼獲諾貝爾生理學和醫學獎，這是多馬克之後諾貝爾獎僅有的兩次因為藥物而頒獎。

捲土重來

為了推廣磺胺，多馬克從一九四二年開始在歐洲戰區到處旅行，但他並沒有從被蓋世太保逮捕的事件中恢復過來，不能集中精力、失眠、胸痛，之後回到拜耳公司繼續研究工作。盟軍為了戰後計畫，並沒有轟炸拜耳公司。

多馬克希望研究出對付結核的磺胺類藥物，但非常困難。一九四二年他和克萊爾、米奇再次鬧矛盾，已無法繼續合作下去，以至於赫連威脅不和他續約。多馬克回覆說，因為結核藥物研究得不到支持，他準備參軍去了。赫連退讓了，結核藥物研究開始有了一定的進展。但是德國敗象已顯，到一九四四年，拜耳實驗室工作徹底停頓，一九四五年春天被盟軍佔領。在英國人的管理下，多馬克繼續研究結核藥物。

一九四四年法國光復後，富爾諾接到巴黎警察局的信，通知說他被定為叛國者，要他馬上到附近的警察局自首。富爾諾立即跑路，東躲西藏了兩個月，和官方談妥條件後自首。他因為在佔領期間和德國人合作而受審，但巴斯德研究所的很多同事出面為他作證，三個月後他被無罪釋放，但不能再回巴斯德研究所，餘生作為一個獨立研究人員，沒有什麼貢獻。

一九四五年八月十六日，赫連和 IG 法本公司的其他二十三名管理人員被盟軍逮捕，罪名是使用集中營勞工做試驗而導致上千人死亡，還有生產毒氣等，兩年後在紐倫堡對 IG 法本公司進行審判，結果他和十名管理人員無罪，另外十三人被判短期徒刑。赫連回到法本公司，最後成為董事會主席。盟軍在戰後拿到 IG 法本公司的所有商業秘密，但是拜耳公司又一次在廢墟上崛起。

戰後，德國結核病死亡率比戰前增加了三倍，多馬克開始用他研製的結核藥治療病人。一九四七年秋，他接到諾貝爾獎委員會的信，時隔八年，諾貝爾獎委員會邀請他去斯德哥爾摩參加頒獎儀式。由於德國在佔領軍管理之下，多馬克歷盡千辛萬苦終於到了斯德哥爾摩。在頒獎儀式上，他提到了磺胺藥的抗藥性問題。

此時，磺胺已經衰落了。

以美國為例，一九四三年生產了四千五百噸磺胺，足夠治療一億病人，最後這些磺胺都給飼養動物吃了。

早在一九三八年，磺胺的副作用就被注意到了，比如會導致貧血和肝腎損害。一九四二年，軍隊醫院發現磺胺的藥效在下降，比如對淋病的治癒率從百分之九十下降到百分之七十五。最嚴重的情況發生在駐義大利的英軍中，短短幾個月，磺胺類藥物只剩下百分之二十五的治癒率。到戰爭結束時，由於抗藥菌的擴散，磺胺已經不能用於預防鏈球菌感染，美國和德國都停止使用磺胺類藥物，因為繼續使用磺胺反而會導致抗藥菌的擴散。

磺胺的教訓並沒有被人們吸取，抗藥菌出現在每一種抗生素上。過去五十年，抗藥菌的問題越來越嚴重。由於細菌之間存在著基因傳遞，造成抗藥細菌以更快的速度出現，有時出現同時耐受幾種藥物包括磺胺的基因在一組細菌中存在的現象。

僅美國，每年就生產五千萬磅抗生素，雖然國外的醫生們早就開始防止抗生素濫用，但一杯牛奶中就含有八種抗生素，抗生素無處不在，防不勝防。而在中國，抗生素濫用的情況也普遍存在。世界衛生組織（WHO）已經把抗生素耐受性列為二十一世紀公共健康的三大威脅之一。

青黴素的發現者弗萊明是第一個發現細菌抗藥性的人，一九四五年在接受《紐約時報》（*The New York Times*）的採訪時，他警告說抗生素的濫用會因為細菌選擇性的變異導致更為嚴重的感染。

這個預言已經成為現實。

一九六四年，多馬克死於細菌感染。

目前，就細菌病來講，人類面臨的最嚴重的威脅是抗藥菌。抗菌藥物的出現，救了無數人的性命，也徹底改變了微生物世界。由於濫用和低劑量使用抗菌藥物，使得抗藥菌出現，抗菌藥物殺死了不抗藥的細菌，使得環境中的細菌結構發生了根本性的變化，長期下去，很有可能出現無法預期的後果。

目前人類和細菌在進行著一場比賽，人類不斷地研製出抗菌藥物，細菌則不斷地產生抗藥性。從目前的形勢來看，人類已經處於失敗的邊緣，很有可能在某一天出現一種超級細菌，使得人類回到細菌病無藥可治的境地。

除了人類濫用抗菌藥物外，人類飼養的動物也濫用抗菌藥物。給飼養動物餵抗菌藥物已經成為常態做法了，這樣使得動物身上的細菌也具備了抗藥性，而大量地進行動物飼養則大大地增加了動物細菌進入人類的可能。近年來多次出現的超級菌感染人類致死的例子，大有山雨欲來風滿樓的氣勢。

微生物並沒有被人類征服，經過短短五十年，再次公然向人類挑戰。

病毒

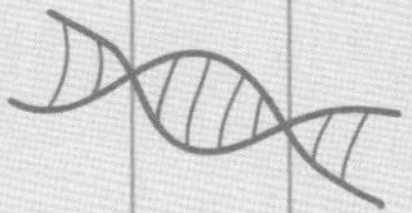

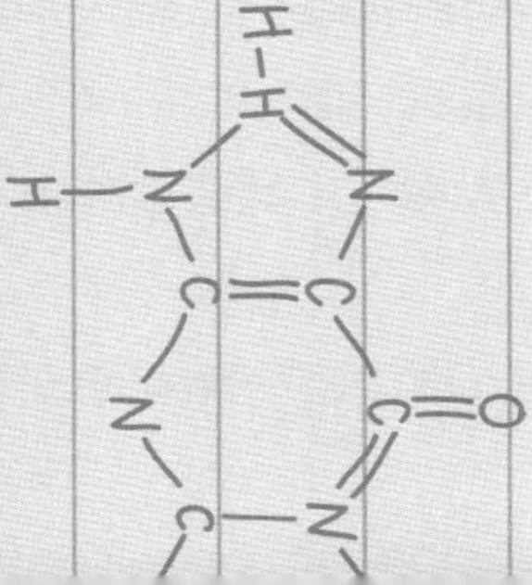

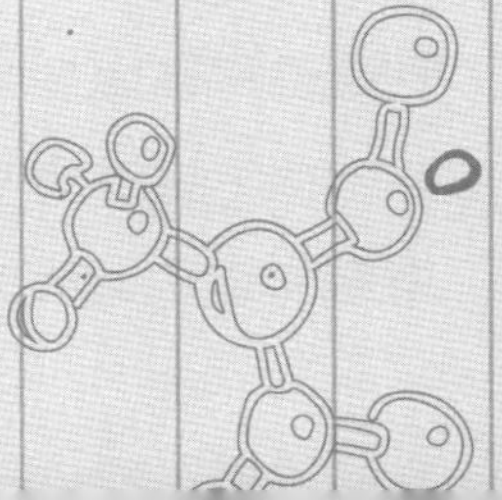

病毒

迫在眉睫的威脅

二〇〇九年春天，繼多年的禽流感威脅之後，豬流感在全球出現爆發性流行，全球兩百多個國家和地區出現疫情，上百萬人生病，將近兩萬人死亡。世界衛生組織在四十年間，第一次將流感大流行的警戒提高到六級，也就是最高級別，導致世界上不少國家都採取了嚴格的防疫措施。雖然經過一年多的流行，這場豬流感並沒有成為另外一次流感大流行，但驗證了大流感的威脅已經迫在眉睫。

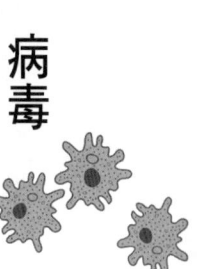

二〇〇二年年底，中國廣東出現了一種新型傳染性疾病，於二〇〇三年初擴散到中國內地其他地區和香港，之後擴散到全球很多國家。二〇〇三年春天這種被稱為「非典型性肺炎」的傳染病出現在北京後，引起巨大的社會恐慌，導致中國政府在首都採取了前所未有的強制性嚴格隔離措施。該傳染病於當年夏天消失，全球共出現近萬名病例，死亡近千人。最後，這種傳染病被定名為「嚴重急性呼吸道症候群」，英文縮寫為「SARS」。其致病原是一種新型病毒，被稱為 SARS 病毒。

愛滋病於一九八一年橫空出世之後，在短短三十年裡成為現在全球流行的主要高傳染性疾病之一，危害程度和流感及瘧疾相當。它是各國政府不得不面對的最嚴重的醫療和防疫問題之一，而且將和人類長期共存，可以說在某種程度上，愛滋病已經改變了人類的歷史。

愛滋病、SARS、豬流感是過去幾十年衛生防疫、傳染病和微生物學領域面對的三大疾病，它們有一個相同之處，就是都是由病毒傳播所引起的高傳染性疾病。這個相同之處告訴我們一個現實：病毒病已經成為最嚴重的人類健康威脅。

由病毒引起高傳染性疾病的歷史並不比由細菌引起傳染病的歷史短，和細菌一樣，病毒引起的疾病對人口數量和人類的歷史進程也有巨大的影響力。其中，影響最大的病毒性傳染病有兩個，一個是已經被消滅的天花，另外一個是還在繼續威脅人類的流感。

天花在人類中流行了數千年，曾經幾乎每一個兒童都會得天花，死亡率達到三分之一，如果沒有牛痘苗的話，世界人口最多只有現在的一半。在全球消滅天花，是導致人口爆炸的原因之一。流感年年流行，病者以百萬計。一九一八年大流感在全球殺死了一億人。科學家預計，在不遠的將來，還會出現一次這樣的流感大流行，全球死亡人數也會以億來計算的。

由於磺胺和抗生素，一度嚴重威脅人類健康和生命的細菌性傳染病得到了控制，雖然致病性細菌依舊是全球衛生系統的一大問題，但遠遠不如致病病毒那樣危險。從整體上講，病毒性傳染病並沒有得到控制。

病毒是一類比細菌還要微小的微生物，和細菌相比，病毒不具備獨立的生存能力，完全依賴其他生物生存。這樣一來，為了自己的生存，病毒必須具有強大的傳播能力和在宿主體內存活的能力，這也使得人類在尋找病毒病的治療方法時困難重重。目前對付病毒病的最有效的辦法是接種疫苗。因為人類其實幾乎沒有針對病毒病的治療性藥物，人們無法像對付細菌病那樣對患者進行治療，而只能採取防患於未然的辦法——在被病毒感染之前給人接種疫苗，使得人體具備對病毒的防禦能力，因此現代人從出生開始，就要接種各種疫苗。

疫苗和抗生素不一樣，一種疫苗只能對付一種病毒，人們最多把幾種疫苗合併起來以減少接種次數，但本質上還是一對一。致病性病毒有很多種，而且還會不斷出現新的致病性病毒，而疫苗的研究速度遠遠落後於新致病性病毒出現的速度。

病毒疫苗研究面對的問題有兩個。一是理論上的挑戰，比如愛滋病疫苗的研究。在過去三十年，前所未有的研究經費投入愛滋病疫苗的相關研究中，但由於愛滋病病毒很會鑽免疫系統的漏洞，至今還是沒有解決關鍵的問題。二是病毒的挑戰，比如流感疫苗的研製。流感疫苗早就問世了，人類也具備了大規模生產和接種的能力，但流感病毒變異程度非常高，每年流行的流感病毒毒株之間有很大的區別，針對上一年流行株所研製的疫苗只能為下一年流行株提供不到半數的免疫能力，就是說接種這種疫苗後，只有不到半數人具備免疫能力，使得流感疫苗必須年年研製，年年接種。

疫苗接種還有一個問題，那就是疫苗接種還處於應急式狀態。現在人們接種的疫苗越來越多，被這些疫苗所刺激出來的人類免疫能力之間的相互影響還沒有被很好地研究，其對身體終生影響的追蹤調查還需要時間，也許會有出乎意料的結果，因此對於疫苗的安全性一直有很響亮的反對聲音。

病毒之所以這麼難纏，最主要的原因在於，相比其他微生物，病毒和人類的關係更為密切。與細菌在人體內外起生命的輔助作用不同，病毒是人類在進化過程中的一個非常親密的夥伴，在人類的基因組裡，有抹不掉的病毒的烙印。

進化的夥伴

從中文詞義上看，細菌這個詞還算好理解，細小的菌種，是個中性詞。而病毒則是十足的貶義，既病且毒，看起來就有些恐怖。和細菌一樣，病毒的歷史也非常悠久，比人類的歷史要悠久得多，也比絕大多數生物的歷史悠久得多。

病毒早在生命出現的早期就進化成功了，比細胞的出現還要早。對於病毒是如何進化的，有幾種假說，可是都不能自圓其說。因為病毒實在太小了，肉眼看不見，就更不可能有化石。研究病毒的歷史只能用其他的辦法，現在最常用的是 DNA 序列分析法。通過對相近似的病毒的基因序列進行分析，用程式計算 DNA 的變異程度，做出基因樹來，可以找到病毒的祖先，也可以大致知道某種病毒出現的年代，這就是所謂的病毒考古學。病毒考古學是一門目前還處於幼兒學步階段的學科，但它已經提供了很多令我們恍然大悟的結論。

由於是一種間接的方法，病毒考古學研究出的病毒出現年代相對於其他方法，跨度會更大，例如用病毒考古學方法得出最後一次病毒基因成為人類基因一部分的時間在距今十萬年到一百萬年之前，跨越了九十萬年的時間。

生命的進化是一個適應環境和利用環境的過程，適應環境就是適者生存，生命必須能夠對環境的變化做出百分之百的正確反應，才能在地球上繁衍下去。不管某類生命存在多久，一旦不能適應環境的變化，就只能滅絕。恐龍和很多早已滅絕的動物就是這樣的例子。將來人類很可能也會滅絕，和恐龍的結局沒有什麼區別。

在地球的歷史上，生命只是匆匆的過客而已。如果把地球的整個歷史變成一本厚厚的書的話，我們人類的歷史連其中的一頁都寫不滿，也許只會有短短的幾行。在這些過客之中，病毒這類生命是很能適應環境的，因此它們才能夠一直存在。

如果某種生命太過於自力更生，也不可能長久地存在下去。就地取材，充分利用環境所能提供的各種條件，才有可能長久生存，病毒在這方面做得最好。在長期的進化過程中，病毒已經將本身和寄生性無關的功能全部退化乾淨了，從而徹底地依賴其他生命，無論地球上出現哪種形式的生命，病毒都能夠把它們變成自己的宿主，讓它們為自己服務。

因此，當人類開始進化的時候，病毒就來了，把人類的始祖當作宿主。病毒伴隨著人類從原始哺乳動物進化到人，早期的病毒是逆轉錄病毒，像愛滋病病毒那樣以 RNA 的形式存在，進入宿主後轉變成宿主的 DNA。一旦轉變了，就會永久地在宿主基因中存在下去，偶爾還會進入生殖細胞，這樣一來病毒基因就有可能在宿主中傳宗接代下去，成為宿主基因的一部分。有的專家認為，人類基因組中有百分之八就是這樣來自病毒基因的，甚至有人說，人類的出現是病毒基因變異的結果。

上面這個說法聳人聽聞的成分居多，但人類的進化同樣是一個不斷地對環境的條件加以改造利用的過程。病毒的複製周期短，在複製過程中容易出現變異，從而給了人類一個引進和更新基因組的機會，借此對自身的基因去蕪存菁。如果沒有病毒的存在，靠人類自己繁殖以出現良性變異，那會是一個極其漫長的過程。在人類和病毒一起進化的過程中，只有良性變異，也就是對人類有益的基因變異能夠遺傳下來，惡性變異因為導致體質下降和疾病而被淘汰了。

這個過程在距今十萬年到一百萬年之前結束了，因為人類的基因進化已經完成，從而變得非常穩定，且具有排他性，進入人類基因組的病毒基因不能再遺傳下去，我們的形體和功能已經被確定下來，不會再因為環境因素而變化。當然從時間跨度上就能夠看出，這個基因穩定化也是一個長期的過程，一旦完成，人類就要向世界的主宰邁進了。

這樣一個過程導致對人體而言病毒和其他微生物不同，其他微生物雖然也在人體內寄生，但相對來說有它們的獨立性，是一個外來者，即便是腸道寄生菌也能夠因為拉肚子或者服用抗生素而被消滅。而病毒則成了人體的一部分，例如愛滋病病毒一旦進入人體，就無法被消滅，因為它已經成為人體淋巴細胞的一部分。也正因為這樣，人類對很多病毒有天生的抵抗力。

也是因為這個轉變，人類和病毒從親密夥伴變成了敵人。人類要生存，病毒也要生存，雙方不得不為了生存而戰。

存活的可能絕無僅有

和對抗細菌病一樣，人類對抗病毒病也是先從經驗開始。早在微生物學出現之前，人類便通過觀察和實踐，尋找有效的預防和治療方法。非洲一些地區用泥土敷在細菌感染的部位，這便是利用土壤中其他細菌和微生物的抗菌能力來達到對抗感染的目的，和今天我們使用抗生素的道理是一樣的。當然非洲這種土法抗生素大多數時候不僅無法治好病，反而會加重感染。在對抗病毒病方面，早期則出現了疫苗的原始型，就是對抗天花的人痘苗。

人痘苗最早出現在中國，於清代在宮廷內成熟，但只在宮內和王公貴族之中使用，並沒有推廣到社會上。除了清廷刻意保密外，接種費用也極高，不是普通人可以承受得起的。人痘苗是基於人得過天花後不會再得天花的事實，從天花患者身上採取樣品，經過滅活處理，給正常人接種，使之得一場非常溫和的天花，這樣就具備了對天花的終生防禦力，這也是今天疫苗免疫接種的原理。人痘苗的問題在於安全性，因為它的製作過程是從經驗出發，並非現代科學化疫苗生產過程，因此很有可能反而使接種者得天花。清廷為此花了巨大的人力物力，加上人體試驗，使得皇子接種萬無一失，但這種絕對的安全性只有皇家有可能辦到。

歐洲人從北京獲得人痘苗的製作方法後，將之傳到歐洲，在土耳其經過了改良，變成手臂接種，然後傳進英國。經過蒙太古夫人的努力，人痘苗接種被英國人和歐洲其他國家的人接受，也傳到了美洲。但是人痘苗的安全性還是一個嚴重的問題，其次其價格也不是普通人能夠承受的，因此人痘苗的接種率很低。

一七九六年，英國鄉村醫生愛德華·琴納發明了牛痘苗，這同樣是一株經驗性的疫苗。

琴納觀察到擠奶女工不得天花的現象，然後發現她們都感染過天花的近親——牛痘，於是，他認為得了牛痘後會使得人體具備對天花的抵抗力。之後經過人體試驗證實了這個想法。

從科學的角度來看，人痘苗和牛痘苗並沒有本質性區別，都是在不知病原為何物的情況下，根據經驗總結出來的，其研製方法也沒有現代科學的色彩。但和人痘苗相比，牛痘苗在微生物學上前進了一大步，它突破了人類和動物之間的界限，將來自動物的樣品用在人身上，因此大大降低了接種的成本，也大大地提高了安全性，使得牛痘苗接種可以被每一個人所承受。從這時開始，經過將近一百八十年的努力，人類從地球上消滅了天花病毒，這是人類在和微生物之間的戰爭中取得的最輝煌的勝利。從這一點上來說，琴納為微生物學和人類做出了不可估量的貢獻。

牛痘苗的出現，給了人類巨大的信心，實現了從天命不可違到人定勝天的思想轉變，現代微生物學的發展也和這種信心有關。

但是，有了牛痘苗，並沒有為其他病毒病的預防或治療帶來任何幫助，現代微生物學的發展頗為緩慢，直到巴斯德和柯霍出現，現代微生物學才真正成型，而病毒學的出現則耗時更久。

琴納的牛痘疫苗雖然能夠成功地預防天花，但從機理上，人們並不知道為什麼，也不知道天花是什麼引起的。在細菌學不斷取得成就之時，人類對病毒的認識還是一片空白，人們意識到某些疾病是由微生物引起的，但分離不到病原體，也就無從下手。琴納的辦法有很大的運氣成分，他找到了牛痘這種人痘的近親，但這種運氣非常罕見，並沒有第二個成功的例子。此外，微生物學注重發現病原體，搞清是什麼東西造成的疾病，才有可能有針對性地研究預防和治療的辦法，這種模式對於細菌病有效，對付病毒病就不可行了。

這種情況直到巴斯德團隊把注意力放在狂犬病研究上才得以改變。

從小時候開始，住在小村鎮的巴斯德就生活在對狂犬病的恐懼中，時不時會有發瘋的狗或者狼來到村子裡，見人就咬，挨咬的人如果出現狂犬病症狀的話，活下來的可能性幾乎是零。

歐洲治療狂犬病的最主要的辦法，就是在被狗咬傷後馬上找鐵匠，用通紅的鐵條把傷口周圍全部烤焦，但這種局部劇烈消毒的辦法是無效的。其他也無效的辦法包括用海水、用小龍蝦的眼睛、紅公雞的糞便、燕窩、燒焦的熊的毛髮、鼩鼠的尾巴以及各種草藥進行治療。

因為狂犬病是一種病毒病，所以在巴斯德的時代，人們對於狂犬病的病因一直不清楚，但很容易和被瘋狗或者瘋狼咬傷聯繫起來。為了防止可能的從人到人的狂犬病傳播，很多地方乾脆把得了狂犬病的人殺死。

開始研究狂犬病後，巴斯德還是按以前的辦法，用顯微鏡觀察患狂犬病的狗的樣本。因為狂犬病很明顯是一種神經系統的疾病，所以他先看脊髓樣本，但看來看去一無所獲。因為病毒太小，在巴斯德的時代，人類還沒有辦法看到樣本中的病毒。

巴斯德並沒有退縮，他是那種不輕言放棄的人。在顯微鏡下看不見，巴斯德就讓大家尋找其他分離狂犬病病原的辦法。不久，魯克斯有了重大突破，他把患狂犬病的狗的脊髓樣本給健康的狗注射，每一次被注射的狗都會得狂犬病，證明狂犬病是通過存在於神經系統的病原傳播的傳染病。

但是，巴斯德他們還是沒有分離到病原體，因此也就不能按過去的辦法製備出疫苗來。一次又一次的失敗讓年老的巴斯德越來越灰心，打算放棄了，於是轉而研究其他疾病。

成功

雖然巴斯德打算放棄，但魯克斯還在堅持，他通過讓脊髓樣本暴露在空氣中的辦法得到了毒力減弱的樣本。這其中的原理是病毒這種高寄生性微生物在體外存活能力很弱，如果時間控制得當的話，病毒還具有生存能力，但其毒力會銳減，就不會殺死宿主。

巴斯德得知這個結果後，馬上振奮起來，立即重複了魯克斯的實驗，得到相同的結果。和柯霍不一樣，巴斯德一貫這樣不顧手下人的感受，成果都算自己的，這次魯克斯再也忍受不下去了，氣憤地離開實驗室，不再參與狂犬病研究計畫，只要巴斯德在的話，他就不進實驗室。不過魯克斯最終還是盡棄前嫌，在巴斯德身後成為巴斯德研究所的領軍人物。

沉浸在即將成功的喜悅中的巴斯德根本不在乎魯克斯的惱怒，他根據魯克斯的技術，很快研製出了疫苗。這種幹脊髓在培養一開始時毒力非常弱，不能提供免疫能力，但在不斷傳代中毒力漸漸增強，等到第十四代時，給狗接種，再給接種後的狗注射狂犬病的脊髓樣本，狗就不會得傳染病了，因為這時候幹脊髓的毒力還沒有強到可以殺死宿主的程度。

這是繼牛痘苗後第二個成功的病毒疫苗，和牛痘苗相比，巴斯德的狂犬病疫苗在品質控制上有了巨大的進步。

這個結果在哥本哈根的國際醫學會議上報告後引起強烈的反響，大家關心的是這種疫苗什麼時候能夠給人類接種，但巴斯德並不著急，對於狂犬病他還有下一步的研究計畫。

和天花不同，得狂犬病的人很少，如果像接種牛痘苗那樣進行全民接種的話則過於浪費了，也沒有必要，因此巴斯德考慮能不能將狂犬病疫苗改進成為一種治療性疫苗，能夠趕在狂犬病的病原到達人的大腦之前，刺激人體產生出對狂犬病病毒的免疫力，這樣就可以在被瘋狗咬傷後再注射疫苗。

在以往的研究中，巴斯德知道細菌在不同動物身上傳代，其毒力會增強或者減弱，通過在兔子身上傳代，他得到了一株能夠比自然界存在的狂犬病病毒更快地刺激出免疫反應，但其毒力又不至於引起狂犬病的毒株。用這株病毒製備的疫苗需進行十四天連續接種，從最老和最弱的毒株開始，直到最新和最強的毒株。這樣就以快於狂犬病病毒在人體內從傷口到達腦部的速度，逐漸刺激起人體的免疫系統，產生對狂犬病病毒的抗體，把狂犬病病毒清理掉。

儘管還是無法分離出狂犬病病毒，但可以將狂犬病的樣品在動物身上傳代，通過這種間接的辦法進行病毒培養。

為了生產和測試狂犬病疫苗，巴斯德實驗室養了大批動物，包括兔子、狗、老鼠、猴子等。當時，在英國、法國和美國，反活體解剖運動非常活躍，包括反對動物實驗，巴斯德和其他科學家受到了不少指責，但他們並沒有因此而改變研究方法。

巴斯德有狂犬病疫苗的消息被越來越多的人所瞭解，不斷有人前來請求他為自己接種，巴斯德一概拒絕，因為他認為狂犬病疫苗還不成熟。如果疫苗毒性太強的話，被接種的人有可能死去，而被得狂犬病的動物咬了後，並不一定會得狂犬病。巴斯德的疫苗要求人在被咬了後儘快接種，在並不知道是否會得狂犬病的情況下，疫苗的安全性必須得到充分保證，才不會使原本沒被感染的人得病。

但是，被瘋狗咬了的人很多，很快就有人接種了狂犬病病毒。第一個接種狂犬病疫苗的是十一歲的小姑娘朱莉—安托瓦內特·普賁，她一個月以前被瘋狗咬傷，已經出現了狂犬病症狀。當她父母找上門來時，巴斯德認為她已經出現狂犬病症狀了，不治療的話肯定會死，因此沒什麼可顧忌的，便同意給她接種。在接種期間，朱莉—安托瓦內特死了，無法知道是死於狂犬病還是死於疫苗。朱莉—安托瓦內特的死訊被嚴格地封鎖起來，外界對此一無所知。

一八八五年七月，一位母親帶著九歲的兒子風塵僕僕地來到巴斯德面前，請求他為自己的孩子接種狂犬病疫苗。孩子叫約瑟夫·梅斯特，來自阿爾薩斯山村，兩天前被一條瘋狗撲倒在地，等村裡的人把狗打死後，他的四肢多處被狗咬傷。鎮裡的醫生用苯酚對傷口進行了消毒，但大家都知道一旦出現狂犬病症狀的話，孩子就沒救了。孩子的母親在絕望之中坐火車趕到巴黎，懇求巴斯德救救自己的兒子。

此時，距朱莉—安托瓦內特之死還不到一個月，巴斯德一開始並不願意給梅斯特接種，生怕再次出現意外，但是發現孩子被咬傷僅僅兩天後，他終於決定給梅斯特接種。為了保險起見，巴斯德沒有給他毒性最強的疫苗，梅斯特接種疫苗後情況良好，沒有出現任何狂犬病症狀。巴斯德終於從朱莉—安托瓦內特事件中解脫出來。這個消息很快從實驗室傳遍了法國，請求接種狂犬病疫苗的要求像雪片一樣飛來，巴斯德還是一概拒絕，因為他對狂犬病疫苗還是信心不足。

三個月後，十五歲的尚－巴蒂斯特・瑞皮耶被一條瘋狗咬在胳膊上，他勇敢地把狗按住，使得附近的其他幾名兒童得以跑開。在和瘋狗的搏鬥中，他被嚴重咬傷，醫生們對狗的屍體進行解剖，證明牠患有狂犬病，等瑞皮耶來到巴黎時，已經過去六天了。雖然擔心已經太晚了，但受到梅斯特接種結果的鼓舞，巴斯德為尚－巴蒂斯特進行了接種。

一個禮拜後，在尚－巴蒂斯特的接種還沒有結束時，巴斯德在法國科學院做報告，宣佈他發現了治療狂犬病的辦法。尚－巴蒂斯特的接種如巴斯德所料的那樣，非常成功。

兩位英雄

對於巴斯德的狂犬病疫苗研究成果，後人一直存在不同意見，這主要是從倫理上談。很明顯，在給梅斯特接種時，巴斯德並沒有完成疫苗的實驗室試驗，而且朱莉－安托瓦內特之死一直沒有公開，如果梅斯特的家人知道這件事的話，很可能就不會讓巴斯德給梅斯特接種了。

但是，在巴斯德的年代甚至其後幾十年，倫理並不是微生物學家要考慮的主要問題。琴納給第一個接種對象詹姆斯．菲普斯接種牛痘苗的情況要比梅斯特事件更有違倫理，但是從琴納和巴斯德的角度看，他們是為了救人，而且也沒有其他替代的辦法，琴納同時也給自己的孩子接種。後來的很多微生物學家都是這樣做的，有人因此在自己和家人身上造成悲劇，這是微生物學發展所必須付出的代價。如果等到有了更為安全的方法再試驗的話，還會有上億人死於病毒病。

巴斯德建立了一個狂犬病中心，為各地提供狂犬病疫苗，被瘋狗咬傷的人們來到巴黎接受治療。甚至有四個被瘋狗咬了的紐澤西的孩子坐船跨過大西洋來到巴黎接種疫苗，然後健康地返回美國，成為轟動全美的大新聞。

儘管巴斯德團隊在狂犬病疫苗的生產上非常小心，還是出現了一小部分意外，有些人對狂犬病疫苗過敏，還有一些人接受治療的時候已經太晚了，並沒有起作用，因此對狂犬病疫苗的批評一直不斷。在此期間，巴斯德的健康情況進一步惡化，一八八六年冬天，他來到義大利療養。

一天報紙上登出一篇報導，一個孩子接種狂犬病疫苗後死了，他的父親指控巴斯德殺死了他的兒子。此時巴斯德遠在義大利，在巴斯德實驗室受到威脅的時刻，一直沒進實驗室的魯克斯站了出來，告訴大家，屍體解剖的結果證明孩子死於腎病，和疫苗無關。這個指控被撤銷了，後來有些證據表明這份屍體解剖結果是偽造的，但是否有意隱瞞孩子的死因則不得而知。

法國有關部門對巴斯德的狂犬病疫苗進行了檢測，英國方面則組成了由李斯特和詹姆斯・佩吉特等人組成的委員會，經過十四個月的評估，終於證實了疫苗的有效性，巴斯德的狂犬病疫苗終於獲得認可。

法國的疫苗和德國的抗血清療法的出現使得微生物學達到了黃金時代輝煌的頂峰，其後幾十年這兩種方式一直是對抗傳染病的主要手段。尤其是疫苗，直到今天，還是預防傳染病尤其是病毒性傳染病的唯一手段。

由於狂犬病疫苗的成功，巴斯德那間小實驗室根本無法應付世界各地對狂犬病疫苗的需求。於是他向法國科學院提出建立狂犬病疫苗中心的建議，這樣法國和全世界的科學家可以在這裡接受訓練、進行研究。為了保證這個中心的獨立性，他拒絕接受巴黎市政府或者法國政府的資助。

這個計畫獲得空前的支持，捐款從世界各地湧來，俄國沙皇捐款十萬法郎，巴西皇帝和奧斯曼蘇丹也都捐出鉅款，巴斯德本人捐款十萬法郎，約瑟夫・梅斯特的家鄉、在普法戰爭中法國丟掉的阿爾薩斯—洛林地區以梅斯特的名義捐款四萬八千三百六十五法郎。一八八八年，巴斯德研究所正式建成，巴斯德夫婦住進了研究所內的公寓中。就在同一年，巴斯德做了最後一次科學研究報告，宣佈由於健康的原因，他無法自己親自做實驗了。他在一生中，一共寫了一百零二本實驗紀錄，加起來有一萬多頁。

巴斯德退休後，花了很多時間走訪狂犬病患者，如果健康情況容許的話，就參加和科學研究有關的活動。他對醫學研究的新動向也非常關注，經常和巴斯德研究所的科學家們探討他們的研究課題。

一八九四年十一月，巴斯德的腎開始衰竭，很快便臥床不起。在生命的最後時光中，家人經常為他讀拿破崙最後一戰的故事。一八九五年九月二十八日，巴斯德去世，葬於巴斯德研究所。

沒有了巴斯德這個對手，柯霍對科學的激情和得到的機遇大不如前，雖然還是取得了一些成就，但再也沒有取得出色的成果。一九〇四年他辭去傳染病研究所所長的職務，在世界各地旅行，進行疾病研究，一九〇五年因為在結核研究領域的成果獲得諾貝爾獎，一九一〇年去世，終年六十七歲。為了紀念他，傳染病研究所改名為羅伯特．柯霍研究所。

約瑟夫．梅斯特長大後為了報答巴斯德的救命之恩，來到巴斯德研究所當看門人，閒著的時候就去打掃巴斯德的陵墓。二戰時，德軍來到巴斯德研究所，要進巴斯德的墓室，梅斯特攔在門口，不許他們進去，被德軍士兵推到一邊。梅斯特回到自己的房間，拿起一戰時從軍用的手槍，自盡身亡。

在法國人眼中，巴斯德是英雄，梅斯特也是英雄。

小兒麻痹

巴斯德彌留之際，現代病毒學終於出現了曙光。

一八八四年，和巴斯德一道研究雞霍亂疫苗的法國科學家查理斯．尚伯朗發明了燭形篩檢程序，其濾孔孔徑小於細菌的大小，利用這種篩檢程序可以將液體中存在的細菌除去，這樣就能夠研究比細菌更微小的微生物。

一八九二年，俄國科學家伊凡諾夫斯基 (Dmitri Iosifovich Ivanovsky) 用這種篩檢程序研究菸草花葉病，發現過濾後的提取液仍然能感染其他菸草，他認為這是細菌分泌的毒素，但沒有深入研究下去。一八九九年，荷蘭微生物學家馬丁烏斯．貝傑林克（Martinus Willem Beijerinck) 重複了伊凡諾夫斯基的實驗，相信這是一種新的感染性致病微生物。他觀察到這種病原只在分裂細胞中複製，他稱之為可溶的活菌，進一步將其命名為病毒 (Virus)。貝傑林克認為病毒是以液態形式存在的，這一看法後來被美國生化學家和病毒學家溫德爾．馬里帝茲·史坦利推翻，史坦利證明了病毒是顆粒狀的。同樣在一八九九年，德國細菌學家弗里德里希·勒夫勒 (Friedrich Loeffler) 和保羅·費羅施 (Paul Frosch) 用這種篩檢程序發現了口蹄疫病毒。

病毒的特性是有感染性、可濾過性和需要活的宿主，也就意味著病毒只能在動物或植物體內生長。一九〇七年，美國動物學家羅斯·哈里斯 (Ross Granville Harrison) 發明了淋巴細胞組織培養法，為在體外培養和繁殖病毒奠定了基礎。一九一三年，施泰因哈特 (E. Steinhardt) 和蘭伯特 (R. A. Lambert) 利用這一方法在老鼠角膜組織中成功培養了牛痘苗病毒，突破了病毒需要在體內生長的限制。一九一一年，勞斯 (Peyton Rous) 發現了引起雞惡性腫瘤的勞斯肉瘤病毒（Rous sarcoma virus, RSV）。一九一五年—一九一七年，托特 (Frederick Twort) 和德愛賴爾 (Félix d'Herelle) 分別發現了噬菌體。

現代病毒學終於誕生了。

一九〇九年，卡爾·蘭德施泰納 (Karl Landsteiner) 和厄文·波普 (Erwin Popper) 分離出脊髓灰質炎病毒，蘭德施泰納因此獲得一九三〇年諾貝爾生理學和醫學獎。

脊髓灰質炎病毒是一種很古老的病毒，在古埃及第十八王朝的塑像上，就出現小兒麻痹患者的形象。古埃及第十九王朝的法老西普泰的木乃伊左腳殘疾，正是小兒麻痹的典型特徵；羅馬帝國的皇帝克勞狄烏斯就因為幼年時感染了脊髓灰質炎病毒而終身殘疾。

對於絕大多數人來說，脊髓灰質炎病毒的感染是沒有症狀的，只有比較少的情況會影響到神經系統，導致患者終身殘疾或者癱瘓。在嬰兒中，致病比例為千分之一，隨著年齡增大而逐漸升高，到了成人就為七十五分之一。美國總統富蘭克林·羅斯福就是因為成年後才感染了脊髓灰質炎病毒而導致了癱瘓。

小兒麻痺又是一種近代病，和天花病毒相比，脊髓灰質炎病毒對於人口的基數和密度要求更高，因此直到十九世紀中葉才出現小規模流行，到十九世紀末才開始在歐美各地大規模流行，在此之前的幾千年內只有一些零散的病例。

第一次多起脊髓灰質炎病毒感染的病例於一八四一年出現在美國的路易斯安那州，然後間隔了五十年，於一八九三年在波士頓出現，那是一次有二十六個病例的小流行。第一次被確定的流行於一八九四年出現在佛蒙特州，一共一百三十二例，死亡十八例。到一九〇七年，紐約總共出現兩千五百多例脊髓灰質炎。

一九一六年，脊髓灰質炎從紐約布魯克林開始流行起來，很快傳到其他地方，這一年全美一共有兩萬七千例病人，超過六千人死亡，僅紐約一地就有兩千人死亡，造成巨大的恐慌。從此，每年夏天在美國某個地方總會流行脊髓灰質炎，到二十世紀四〇年代和五〇年代達到流行的高峰，而且由於衛生條件改善，更多的人直到成年才感染脊髓灰質炎病毒，導致的殘疾更多了。一九五二年美國脊髓灰質炎流行達到最高峰，五萬七千六百二十八例病人，三千一百四十五例死亡，兩萬一千兩百六十九例殘疾，比例高得驚人。

脊髓灰質炎驟然出現後，醫學界對此束手無策，一開始用氧氣及各種草藥治療，無效後出現維生素C療法，也沒有值得肯定的效果。對於導致癱瘓的延髓灰質炎，則用被稱為鐵肺的人工呼吸器維持病人的生命，使得這類病人的死亡率從百分之九十下降到百分之二十。

一九五〇年，美國進行了脊髓灰質炎抗血清的實驗，證明能夠提供百分之八十的預防效果，但這種效果只能延續五周，而且耗費巨大，無法進行普遍接種，於是只得把注意力集中在疫苗的研製上。

一九三六年，紐約大學的莫里斯·布羅迪 (Maurice Brodie) 製備以甲醛殺死病毒，用猴子脊髓培養出的脊髓灰質炎疫苗，給他本人及幾位助手和三個孩子接種後，大多數人出現了過敏反應，沒有一個人產生免疫力。費城的病理學家約翰·科勒默 (John Kollmer) 在同一年也製備出了脊髓灰質炎疫苗，不僅沒有效果，反而導致癱瘓性延髓灰質炎，其中九人死亡。

常規的滅活辦法被證明無法減弱脊髓灰質炎病毒的毒力，必須尋找新的疫苗製備方法。

最佳武器

一九四八年，波士頓兒童醫院的約翰·恩德斯 (John Franklin Enders) 團隊成功地在細胞中培養出流行性腮腺炎病毒，準備把這個技術用在培養水痘病毒上。

一九四八年三月三十日早上八點三十分，恩德斯團隊的湯瑪斯·韋勒 (Thomas Huckle Weller) 來到婦產科，那裡有一名懷孕十二周的孕婦因為感染風疹病毒，怕胎兒有先天畸形而剛剛進行了流產手術。韋勒從婦科醫生鄧肯·瑞德的辦公室裡拿到胚胎，回到實驗室製備出肺胚細胞。在試管中接種完水痘病毒後，韋勒發現還剩下幾管細胞，反正也要扔了，他就把感染了脊髓灰質炎病毒的鼠腦樣品放了一些進去，結果水痘病毒沒有培養成功，脊髓灰質炎病毒培養反而成功了。

在此之前，脊髓灰質炎病毒只能在腦細胞和脊髓細胞中培養，用這種辦法培養出來的疫苗會有嚴重的自身免疫副作用。用其他細胞體外培養脊髓灰質炎病毒的成功，為脊髓灰質炎疫苗和其他疫苗的研究奠定了基礎。恩德斯、韋勒和弗雷德里克·羅賓斯 (Frederick Chapman Robbins) 因此獲得一九五四年諾貝爾生理學和醫學獎。

這項成果加上脊髓灰質炎的血清學亞型的確定等研究進展，加快了疫苗研製的步伐。與此同時，繼一九五二年全美脊髓灰質炎病例達到高峰後，一九五三年全美出現三萬五千例病人，超過了以往平均每年兩萬例的水準。面對脊髓灰質炎流行越來越嚴重的情況，美國加大了在疫苗上的投入，製藥業也加大了投入，包括在紐約的萊德利實驗室。一九五〇年，在這家公司工作的波蘭裔病毒學家和免疫學家希拉蕊·柯普洛夫斯基 (Hilary Koprowski) 宣佈研製成功第一個脊髓灰質炎病毒疫苗，這是一種口服減毒活疫苗，在小鼠腦細胞中傳代，到了第七代後就不會感染神經系統和造成癱瘓，再傳一到三代後對人就安全了。但這個疫苗還處於研製階段，直到五年後才上市。

一九五二年，匹茲堡大學的約納斯·沙克 (Jonas Edward Salk) 研製成功安全有效的疫苗。這種疫苗來自三株野生脊髓灰質炎病毒，各代表一個亞型，在非洲綠猴腎細胞中培養，然後用甲醛滅活，又被稱為沙克疫苗。接種這種疫苗後，人體會產生免疫球蛋白G抗體，可以防止感染後的病毒血症，保護運動神經元，藉以防止延髓灰質炎和後脊髓灰質炎症候群。

和其他疫苗一樣，按規定，沙克疫苗也必須進行多年的臨床試驗，沙克借用廣播宣佈試驗結果，對這種疫苗進行大力宣傳。一九五四年，全美進行了有史以來最大的一次臨床試驗，一共四十四萬名兒童接種了沙克疫苗，二十一萬名兒童接種了無害也無效的對照物，另外一百二十萬名兒童作為對照組。一九五五年四月宣佈結果，沙克疫苗對I型脊髓灰質炎病毒有百分之七十的預防效果，對Ⅱ型和Ⅲ型脊髓灰質炎病毒有百分之九十的預防效果，對延髓灰質炎有百分之九十四的預防效果。同年沙克疫苗獲得專利，開始在全美接種。美國脊髓灰質炎病例從一九五三年三萬五千例下降到一九五七年的五千六百例，到一九六一年全美只出現一百六十一例脊髓灰質炎病例，成功地控制了脊髓灰質炎的流行，這也成為美國歷史上最有成效的病毒免疫計畫。

一九五七年，辛辛那提大學的阿爾伯特．沙賓 (Albert Bruce Sabin) 也研製出了口服疫苗。一九五八年，美國國家衛生研究院 (NIH) 將沙賓的疫苗和柯普洛夫斯基的疫苗進行對比，認定沙賓的疫苗更有效，在全球進行推廣。沙賓疫苗是一種變異性的脊髓灰質炎病毒，不僅比沙克疫苗的免疫時間長，而且適合大規模的人群接種，採用口服的辦法，避免了使用注射器進行手臂接種造成的疾病傳染，因此逐漸取代了沙克疫苗，在全球使用。

由於是活病毒，在極少的情況下會發生毒性變異，這種情況主要發生在口服疫苗覆蓋率低的地區，包括中國在內的地區近年來都曾經出現過小範圍的流行。

另外，一九五五年到一九六三年之間的沙克疫苗所用的猴腎細胞被 SV40 病毒感染，造成全美幾千萬人接種了含 SV40 病毒的疫苗，這種情況出現在包括中國在內的很多國家，但迄今為止並沒有證據表明這樣會增加腫瘤的發生率。

同樣，如此大規模的人群接種也曾導致悲劇。生產沙克疫苗的五家公司中的一家——加州伯克萊的卡塔實驗室的疫苗並沒有徹底滅活，存在活的脊髓灰質炎病毒，這批疫苗給超過十萬名兒童接種，出現第一起人為的脊髓灰質炎流行，導致二十萬人感染，超過七萬名兒童得了溫和型小兒麻痹，兩百多人殘疾，十人死亡，是美國歷史上最嚴重的生物學災難。

脊髓灰質炎曾經是二十世紀最恐怖的疾病，脊髓灰質炎疫苗是利用現代病毒學戰勝傳染病的一個非常出色的例子。它的成功讓人們有了信心，將疫苗視為對抗高傳染性疾病的最佳武器。

兒童的貢獻

一九六三年三月二十三日凌晨一點，五歲的小姑娘傑瑞兒・林恩・希勒曼 (Jeryl Lynn Hilleman) 因為喉嚨很不舒服而醒來，來到父親的臥室，把父親叫醒。四個月前，她的母親因為乳腺癌去世。她的父親醒來後，檢查了一下女兒的臉頰，告訴女兒，這是腮腺炎，然後起床，敲開保母的門，告訴她自己要出去一會兒。回到臥室後，父親抱起女兒，把她放回她的床上，告訴女兒，自己一個小時後回來。等他回來後，女兒已經睡著了，他輕輕地把女兒喚醒，用一根棉花棒在女兒的喉嚨裡取樣，放到一個塑膠管中，安慰了女兒幾句後，便又駕車離去。

父親名叫莫里斯・希勒曼 (Maurice Hilleman)，是默克公司 (Merck & Co.) 病毒和細胞生物學研究部門的主管，他打算用從女兒喉嚨裡採集到的病毒製備出腮腺炎疫苗。

在美國，每年有上百萬兒童被腮腺炎病毒感染，絕大部分的症狀是一時性的，但有極少數病人因為病毒影響到腦部而出現腦膜炎、癲癇、癱瘓或者耳聾。如果等到成人後再被感染的話，會導致男子不孕和糖尿病，還會導致懷孕婦女的胎兒死亡。對於傑瑞兒・林恩來說，採取預防措施已經太晚了，但她父親希望用她喉嚨裡的病毒做成疫苗，讓其他的人不再得腮腺炎。

希勒曼從學校畢業後進入製藥業，成為流感疫苗生產的專家，於一九四八年進入沃爾特・里德 (Walter Reed) 研究所從事流感監測工作。當時負責全球流感監測的只有沃爾特・里德研究所和世界衛生組織兩家機構。

一九五七年四月十七日，希勒曼百無聊賴地在辦公室讀報，讀到《紐約時報》上一篇關於香港流感的報導。據有關部門估計，香港有百分之十的居民，也就是二十五萬人得了流感，希勒曼一下子跳了起來：這是大流行。

第二天，他發電報給在日本的美國陸軍第四〇六醫學綜合實驗室，讓他們瞭解香港的情況。那邊很快發現一位海軍軍人從香港回來後病倒了，從這位軍人口中採樣後將其送回美國，樣本於五月十七日到了希勒曼手中。希勒曼對樣品進行了雞胚培養，然後對數百份美國人的血清進行檢驗，發現沒有一份對這種流感病毒有免疫能力。希勒曼把這株病毒送到世界衛生組織和其他實驗室，讓他們進行血清檢測，結果發現只有極少數人有抗體，這些人都已年過七旬，經歷過一八八九年到一八九〇年流感大流行，那時候還沒有病毒學，因此無法知道導致流行的是什麼樣的病毒。希勒曼意識到那種病毒捲土重來了。五月二十二日，他送出一份簡報，認定又一次流感大流行開始了，但是沒有人相信他的預測。他把毒株送給四家藥廠，並為它們建立了疫苗快速上市通道。

當年九月，這種亞洲流感進入美國，很快在各地流行起來。這時疫苗已經上市，共分發了四千萬份。亞洲流感傳播很快，短短幾個月就已經讓兩千萬人得病，其中半數是兒童和青少年，一共有七萬美國人死亡，全球的死亡人數為四百萬。醫學總監倫納德·伯尼認為疫苗使得千百萬人免於亞洲流感的傷害，希勒曼因此獲得美軍卓越服務勳章。在此之後，他離開沃爾特·里德研究所，就職於默克藥廠。

從女兒喉嚨裡採到樣品後，希勒曼用以前做流感疫苗的辦法，進行雞胚培養，然後在雞細胞中培養，使病毒的毒力逐漸減弱。當他覺得毒力已經足夠弱的時候，便去找自己的朋友、費城的兩位兒科醫生羅伯特·韋伯和約瑟夫·史多克斯，他們決定在弱智兒童身上檢驗這種疫苗。

當年，用弱智兒童做醫學實驗是很常見的事，小兒痲痹疫苗就是這樣檢測的，波士頓兒童醫院也在弱智兒童身上試驗麻疹疫苗，約納斯．沙克把疫苗給弱智兒童用的時候，政府、公眾和媒體都沒有提出反對意見。希拉蕊．柯普洛夫斯基甚至曾把口服小兒痲痹疫苗放在巧克力奶裡面給弱智兒童喝。

當年試驗天花疫苗的時候，除了用犯人做試驗對象外，孤兒是最常用的試驗對象。在人類征服傳染病的戰爭中，孤兒用自己的身體做出了不可磨滅的貢獻。進入二十世紀後，犯人和孤兒的人權得到保障，弱智兒童成為最主要的試驗對象。

關於這一點，科學家們受到後世人們的攻擊，因為他們這樣做在今天看來是很不道德的。但是那些自以為站在道德高處的人們並沒有考慮到另外一個事實，就是科學家們的獻身精神。就拿黃熱病研究為例，科學家們前仆後繼，明知有生命危險也毫不退縮。在疫苗研究上也是一樣的，他們在用犯人和兒童做試驗的同時，也用他們自己做試驗，甚至也用他們的家人包括子女做試驗。

琴納在研究牛痘苗時曾多次為他的兒子接種。一九三四年，在因接種自己的小兒痲痹疫苗出現癱瘓病例後，約翰．科爾默為十五歲和十一歲的兒子做了接種。一九五三年，沙克為自己、妻子和三個孩子接種了還處於實驗階段的小兒麻痺疫苗。希勒曼於一九六三年年底再婚，生下來另外一個女兒克莉絲汀，她於一九六六年成為第一批腮腺炎病毒的試驗對象。

他們這樣做不完全因為獻身精神，還有對科學的信心，他們希望自己的家人第一時間享受最先進的科學成果，這是一種對偉大科學的絕對崇拜。

科學家們之所以用弱智兒童作為試驗品，是因為多數弱智兒童的居住條件和衛生條件非常不好，很容易死於傳染病，對於科學家們來說，這批兒童比正常兒童能更為有效地檢驗疫苗的效果。希勒曼認為，這樣做對弱智兒童更為有益，可以使得他們獲得對腮腺炎病毒的免疫力。

一九六七年，傑瑞兒．林恩走進她父親臥室的四年之後，傑瑞兒．林恩株腮腺炎病毒疫苗獲得了許可。

迄今為止已經有超過一．五億份腮腺炎病毒疫苗被生產出來，每年有一百多萬美國兒童因此不再被腮腺炎病毒感染。

麻疹

在研製腮腺炎病毒疫苗的同時，希勒曼也在研製麻疹疫苗。

麻疹病毒是一種相對而言新出現的病毒，最早出現在七世紀，在十一世紀到十二世紀之間從牛瘟病毒進化成功，現代流行的毒株是二十世紀初從牛瘟病毒再度進化出來的。麻疹和天花一樣，是一種反覆在人群中出現的流行性傳染病，大多數人具備了免疫能力，因此對兒童十分危險，在世界衛生組織列出的可以用疫苗控制的導致兒童死亡的傳染病名單上列為第一位。在發達國家，麻疹的死亡率為千分之一，而在非洲撒哈拉南部地區則達到百分之十，嚴重病例的死亡率達到百分之二十到百分之三十。每天有大約五百名兒童死於麻疹。

對於美洲的印第安人來說，麻疹是僅次於天花的殺手。一五二九年，好不容易從天花流行中劫後餘生的古巴原住民中流行麻疹，殺死了三分之二的原住民。兩年後，麻疹殺死了洪都拉斯一半的原住民。如果沒有麻疹，僅僅靠天花是不可能使得美洲原住民減少百分之九十的。十九世紀五〇年代，麻疹殺死了五分之一的夏威夷人。一八七五年，麻疹殺死了三分之一的斐濟人。安達曼島的原住民因為麻疹而滅絕。

在過去的一百五十年間，麻疹在全球一共殺死了兩億人。

除了有可能死亡外，麻疹還會帶來嚴重的後遺症，如耳聾、失明、癲癇、永久性腦損傷。在希勒曼的年代，每年全球死於麻疹的兒童超過八百萬人，麻疹成為醫學要解決的重大問題之一。

一九五四年，剛剛因為脊髓灰質炎病毒的研究而獲得諾貝爾生理學和醫學獎的波士頓兒童醫院的約翰·恩德斯團隊開始把注意力轉移到麻疹病毒上來。在恩德斯的實驗室裡，有來自新罕布夏的傳染病和兒科專家山姆·卡茲、來自南斯拉夫的米蘭·米林科維奇和剛剛在麻省綜合醫院做完住院醫生的湯瑪斯·皮布爾斯 (Thomas C. Peebles)。此時，麻疹病毒還沒有被分離成功，恩德斯把這個任務交給了皮布爾斯。

一九五四年一月，皮布爾斯從希歐多爾·英戈爾斯醫生那裡得知波士頓西郊的一所寄宿學校爆發麻疹，他馬上驅車到了那裡，說服了校長哈里森·林克，從得病的學生那裡採集了樣本。之後幾周，他分離病毒的嘗試一直沒有成功。

二月八日，那所學校的一名叫大衛·埃德蒙頓的十三歲學生患消化道麻疹，出現嘔吐、發燒、渾身出疹症狀，等到高燒的時候，疹子中含有大量的病毒。當時，為了治療感染和出生缺陷，醫生會切除病人的一個腎，這個腎是完全健康的。恩德斯讓皮布爾斯到醫院把這些切除的腎臟拿回來，用這樣的腎細胞去培養病毒。皮布爾斯將腎細胞處理後，加入埃德蒙頓的血液，成功地培養出了麻疹病毒。

皮布爾斯、卡茲和米林科維奇將麻疹病毒在人腎細胞中培養了二十四代後，又在人胚胎細胞中傳了二十八代，隨後在雞蛋和雞胚中傳了十二代，希望能夠得到一株減毒活疫苗。他們選擇了附近的韋納爾德學校進行臨床試驗，這是一所安置弱智或殘疾兒童的學校，幾年前在美國國家衛生研究院的資助下，原子能委員會、貴格燕麥公司和麻省理工學院在這裡進行了一次臨床試驗，在早餐中加入低劑量的放射性鈷，藉以觀察燕麥中所含的礦物質是否能夠比其他早餐更好地散佈到全身。皮布爾斯等人選擇這所學校是因為這裡每年都會爆發麻疹。一九五八年十月十五日，卡茲給十一名弱智或殘疾兒童接種了疫苗，他們都產生了抗體，但其中八名發燒，九名出現中度疹子，說明疫苗毒力還是不夠弱。

恩德斯團隊並沒有繼續進行減毒，而是來到紐約著名的威洛布魯克州立學校，這裡是全美最大的弱智兒童安置學校，住在這裡的都是症狀很嚴重的病人，總數有五千名。一九六〇年二月八日，卡茲給二十三名兒童接種了疫苗，另外二十三名作為對照組。六周後這裡爆發麻疹，感染了幾百名兒童，導致四名兒童死亡。接種疫苗的兒童無一得麻疹，但各種副作用依舊很大。

之後，多家製藥公司從恩德斯實驗室獲得了這株麻疹病毒，其中包括默克公司的希勒曼。

希勒曼和恩德斯團隊不一樣，他更為注重疫苗的安全性。恩德斯的麻疹病毒對於恩德斯團隊來說可以稱為一種疫苗，但對於希勒曼來說，還只能叫做一株病毒，在成為疫苗之前，有兩個重要的缺陷必須加以改正。

其一是嚴重的副作用。在臨床試驗中，起碼有半數的接種者出疹子，大多數接種者發燒，有些是高燒，甚至出現癲癇，這種副作用對於希勒曼來說是不能接受的。為了解決這個問題，他找到了這方面的專家約瑟夫·史多克斯。史多克斯是伽瑪球蛋白方面的專家，他在二十世紀三〇年代用從小兒麻痺患者身上提取的伽馬球蛋白成功地預防了小兒麻痺病毒感染，二戰中用肝炎患者的伽馬球蛋白幫助美軍士兵預防了肝炎病毒的感染，因此獲得美國平民能夠獲得的最高榮譽——總統自由勳章。史多克斯的建議是在恩德斯的疫苗中加入少量的伽瑪球蛋白。

這一次，希勒曼和史多克斯沒有用弱智兒童做試驗，而是去了賓州亨廷頓的女子監獄克林頓農場。這是美國監獄改革運動的模範監獄，為犯人提供教育、技術培訓和醫療保健。監獄長埃德娜·馬漢把牢房的鎖去掉，下令看守不要帶槍，犯人可以在任何時間去操場，甚至可以離開監獄，結果很多犯人懷孕，監獄裡多出很多孩子來，希勒曼和史多克斯的試驗對象是這些嬰兒。

希勒曼和史多克斯來到監獄瞭解情況，中午在監獄的餐廳吃飯，坐下後一位侍者過來問他們想吃什麼，希勒曼知道侍者是犯人，想表現得親和一點兒，就問：「妳是怎麼進來的？」侍者回答：「我把我父母殺了。」看到希勒曼驚訝的表情，她又說：「別害怕，你在這裡很安全。」希勒曼從此在這裡再也沒有安全感。

不過試驗結果很理想，加了伽馬球蛋白後，沒有一名嬰兒出現高燒，只有一名出現中度的疹子。之後幾年的試驗中，出疹率從百分之五十下降到百分之一，發燒率從百分之八十五下降到百分之五。

埃德娜．馬漢於一九六八年去世，葬在監獄的操場上，她的墓地周圍有四十個小十字架，代表在監獄中使用希勒曼疫苗之前死於麻疹的孩子們。

不能冒的風險

伽馬球蛋白解決了麻疹疫苗的一個缺陷，還有另外一個缺陷：這種疫苗有可能致癌。麻疹病毒本身不會致癌，但希勒曼有一個深深的憂慮，這個憂慮來自雞。

一九〇九年，一位農民走進紐約的洛克菲勒研究所，鼓足勇氣問佩頓．勞斯的實驗室在哪裡。見到勞斯後，農民拿出一隻死雞，希望勞斯能夠解答雞是怎麼死的。勞斯是一位病理學家，畢業於約翰霍普金斯大學。他解剖了這隻雞，發現雞的很多部位有腫瘤存在，農民告訴他，只有這隻雞是這樣的。

勞斯把雞的腫瘤細胞磨碎後過濾以除掉細菌，過濾後的液體還能夠使得其他雞出現腫瘤，他認為是某種病毒導致了腫瘤。一九一一年，勞斯發表了文章，成為第一個描述腫瘤病毒的人。但因為這種病毒只在雞身上導致腫瘤，其他研究人員在小鼠和大鼠身上並不能重複他的結果，勞斯於一九一五年也放棄了。他的這項成果被科學家忽視了四十年之久，直到二十世紀五〇年代盧茲維克．格羅斯發現病毒會導致小鼠得白血病，勞斯的成果才被重新重視起來。十年後，威廉．賈勒特發現另外一種病毒能夠在貓身上導致白血病，而且很容易傳染。一九六六年，八十六歲的勞斯因為發現腫瘤病毒而獲得諾貝爾生理學和醫學獎。

這類病毒屬於逆轉錄病毒，和愛滋病病毒是一類的。恩德斯並不知道麻疹病毒在傳代過程中，由於用了雞胚而感染了雞白血病病毒，在交給希勒曼的病毒培養液中，除了麻疹病毒外，還有雞白血病病毒。

在當時，美國飼養的雞中有百分之二十感染了雞白血病病毒。這種病毒並不僅僅引起雞白血病和淋巴癌，而且能夠使雞患肝癌、腎癌等等，其中百分之八十的受感染雞得了白血病，造成美國農業每年損失兩億美元。當時，科學家不清楚這種病毒能否在人體內致癌，但是在體外培養時這種病毒會導致人類細胞癌變。希勒曼認為在這一點上一定要謹慎，為此他承受了巨大的壓力，因為包括聯邦政府頒發疫苗許可部門的主管也要求他儘快將麻疹疫苗上市。希勒曼知道政府的考慮是每年上千名兒童死於麻疹，希望這個疫苗能夠扭轉這個局面，但他不敢想像給孩子都接種白血病病毒的後果。

但是當時沒有辦法檢測雞白血病病毒，被感染的雞蛋和雞胚也沒有任何異常，直到一九六一年加州大學伯克萊分校的病毒學家亨利．羅賓發明了在實驗室檢查雞白血病病毒的方法，才使得希勒曼有可能用沒有雞白血病病毒的雞蛋和雞胚來生產疫苗。

希勒曼希望自己能夠飼養出無白血病的雞來，但默克是一家藥廠，不是農場，為此他找到自己的朋友、一九四六年諾貝爾化學獎獲得者溫德爾．史坦利 (Wendell Meredith Stanley)。史坦利介紹了加州費利蒙的一家小農場——金伯農場，那裡培養出了無白血病病毒的雞群。聽說有人居然已經成功了，希勒曼不敢相信這是真的，但還是馬上坐飛機到舊金山，然後駕車開了四十英里到了費利蒙。

金伯農場經營得很不錯，主人約翰．金伯採取科學養殖的辦法，只用一代就培育出無白血病病毒的雞。希勒曼到了以後，要求買幾隻雞，遭到雞場首席科學家休斯的拒絕；希勒曼又找到他的老闆拉默柔，還是得到同樣的回答。希勒曼企圖用麻疹疫苗的重要性打動對方，但拉默柔根本不為所動。希勒曼只好離去，臨走的時候決定再碰一回運氣，因為他聽出拉默柔的口音有點耳熟，一問之下，發現兩人是蒙大拿同鄉，於是便握手成交。希勒曼在默克有了自己的無白血病病毒雞群。從一九六三年到一九六八年，他生產出數百萬份麻疹疫苗。

與此同時，另外兩家公司也製成了麻疹疫苗。其一是用狗腎細胞培養出來的，上市三周後就消失了，因為這種疫苗的毒性比麻疹還厲害。另外一種是用福馬林滅活的麻疹病毒製作的，給上百萬兒童接種後，科學家發現其引起的免疫力不能持久，四年後被從市場上撤下。

雖然自己的疫苗成為唯一安全有效的疫苗，希勒曼還是進行了進一步的改進，將病毒在雞胚中再傳了四十代，產生的新毒株就不用伽馬球蛋白了。這種新疫苗於一九六八年研製成功，迄今為止是美國所使用的唯一的疫苗，大大地降低了麻疹的感染率，美國每年感染麻疹的人數從四百萬人下降到五十人。全球每年因麻疹而死的人數從八百萬下降到五十萬，也就是說起碼每年救了七百五十萬條生命。

默克公司依然飼養著來自金伯農場的無白血病病毒雞群，用於麻疹疫苗等疫苗的生產。

一九七二年，關於雞白血病病毒的問題終於有了結論，研究人員對三千名死於癌症的二戰退伍軍人進行了研究，看看是不是和接種了被雞白血病病毒感染的黃熱病疫苗有關，結論是否定的。雞白血病病毒不會在人身上致癌。

得知這個消息後，希勒曼是這樣回答的：「我不能冒這個風險。」

走麥城

希勒曼出生在西班牙大流感猖獗的一九一九年，他父母是德國移民。一戰加上大流感，讓美國反德情緒非常嚴重，他父母在他的出生證上把姓裡面的兩個N去掉了一個，免得他受到波及，這樣他的姓就從「Hillemann」變成「Hilleman」。

希勒曼生長在農場裡，因此對雞情有獨鍾，他的流感疫苗、腮腺炎疫苗和麻疹疫苗都是用雞胚培養出來的。在他的記憶裡，家裡的雞經常不知為什麼就生病了，切開後發現雞患有腫瘤，這樣的雞是不能吃的。這種病後來被稱為馬立克氏病 (Marek's Disease; MD)，到二十世紀六〇年代初期被證明是由疱疹病毒引起的。患馬立克氏病後，雞會癱瘓而死，因為沒有治療的辦法，農民只好把患病的雞殺死。這種病傳染性很強，病毒能在體外的空氣中生存很長時間。

密西根州的獸醫學家班·伯米斯特分離到一株疱疹病毒，能夠導致火雞和鵪鶉生病。把這株病毒給雞接種後，雞就不會得馬立克氏病。到此伯米斯特不知道該怎麼往下做了，只好聯繫希勒曼。

希勒曼拿到這株病毒，在實驗室中培養後給一天大的雛雞接種，證明能夠預防馬立克氏病。但是默克公司從來沒有生產過動物疫苗，他的老闆對此堅決反對，最後希勒曼獲得公司董事會的批准，生產出這種疫苗，這是世界上第一個腫瘤疫苗。

希勒曼並沒有滿足於馬立克氏病疫苗，他希望能夠解決雞得馬立克氏病的問題。當時在美國的養雞業，雞分兩類，一類是產蛋多的，供應雞蛋，另一類是長肉快的，供應雞肉。只有新罕布夏的哈伯特農場的雞既產蛋多又長肉快，但是這種雞對於馬立克氏病更為敏感。一九七四年，在希勒曼的建議下，默克公司以七千萬的價格買下了哈伯特農場，在這裡，雞接種了馬立克氏病疫苗，免去了馬立克氏病的感染。此舉使得默克公司在很長一段時間內成為美國雞肉和雞蛋最大的供應商，並大大降低了美國雞蛋和雞肉的價格，雞蛋成本從每打五十美分下降到四美分，雞肉成本從每隻兩美元下降到四十美分。由於價格下降，美國人能夠承受得起，引起了美國人飲食習慣的革命。從二十世紀七〇年代開始，美國雞肉的銷量逐漸上升，超過了牛肉的銷量，使得美國人吃得起肉，而且是相對健康的白肉。

一九五七年，英國病毒學家艾利克．伊薩克斯 (Alick Isaacs) 和瑞士病毒學家尚．林登曼 (Jean Lindenmann) 在研究流感病毒時發現，如果事先用死流感病毒處理雞胚的話，流感病毒就無法破壞雞胚外膜細胞，他們發現這是死流感病毒產生的一種東西在起保護作用，他們稱之為干擾素 (interferon)。對於干擾素的神奇作用，大多數科學家都不相信，認為是伊薩克斯和林登曼的幻覺。

伊薩克斯和尚・林登曼一直無法對干擾素進行純化，他們的干擾素濃度只有每毫升七十單位。研究過流感病毒的希勒曼相信他們的發現，利用自己的專長成功地純化了干擾素，很快製備出每毫升二十萬單位的干擾素。這樣他成為第一位進行干擾素研究的人，發現干擾素能夠抑制很多人和動物病毒的生長，同時還能夠預防病毒導致的腫瘤。干擾素成為第一個抗病毒藥物，被用於B型肝炎病毒和C型肝炎病毒引起的慢性感染和白血病、淋巴瘤和惡性黑色素瘤等腫瘤的治療上。

希勒曼研製成功的另外一個病毒疫苗是日本腦炎病毒疫苗。日本腦炎病毒主要流行在東南亞，每年感染兩萬人，其中大多數是兒童，導致六千例死亡。美國人沒有接觸過日本腦炎病毒，因此在二戰時，軍方發放合同，要各藥廠競標，製備日本腦炎病毒疫苗。當時希勒曼剛剛畢業，到施貴寶公司 (Squibb) 就職。在芝加哥大學讀研究生期間，他發現日本腦炎病毒能夠在小鼠腦中生長，並能被福馬林滅活。他也瞭解到蘇聯和日本用經過福馬林滅活的日本腦炎病毒預防日本腦炎。他建議施貴寶公司出價三美元一劑，他可以在三十天之內開始生產，提供給軍方起碼十萬劑。三個月內，他製備出六十萬劑，提供給部隊使用。直到今天，日本腦炎病毒疫苗還是用小鼠腦製備。

雖然希勒曼成功地研製出三十多種疫苗，但他也有走麥城的時候。

在各種急性病症中，佔比例最高的並不是我們已經描述過的各種傳染病，而是最不起眼的感冒，佔半數之多。感冒不同於流感，是由鼻病毒引起的。二戰結束後，美軍撤離英國，在索爾茲伯里留下了一所軍隊醫院。第一位分離出流感病毒的克里斯多夫·安德魯斯將這裡變成感冒研究中心，經過四年對兩千名志願者的研究，他發現了一個現象：被一個人身上的感冒病毒感染的人，在幾個月後還能被同一個人身上的感冒病毒所感染。

一九五三年，約翰霍普金斯大學的生化學家溫斯頓·普瑞斯從一名護校學生的鼻中分離出一株病毒，他用約翰霍普金斯的縮寫稱之為 JH 病毒。普瑞斯在猴腎細胞中培養 JH 病毒成功，然後用福馬林滅活，給當地學校的上百名學生進行手臂接種，結果發現在其後的兩年中，接種這種疫苗的學生感染感冒的機率只有未接種疫苗者的九分之一。對這個非常圓滿的結果，普瑞斯表現得很謹慎，宣稱這只是個開始。

這個結果引起醫學界的一陣歡呼，大家認為很快就有一種疫苗能夠預防感冒，這將解決醫療衛生中的一大問題。希勒曼也加入進來，他首先要確定有多少病毒導致感冒。他對默克公司的員工、費城大學的學生、費城兒童醫院的病人進行研究，同時從其他研究人員那裡收集了感冒病毒，然後在實驗室內進行病毒培養和血清學檢測，發現安德魯斯所發現的免疫失效問題，其原因不是因為感冒病毒感染導致的免疫力不足，而是因為存在著很多種感冒病毒。

希勒曼試圖將多種感冒病毒混合在一起，製備出一種通用的感冒疫苗。一九六五年五月二十六日，他給紐澤西一所弱智學校的十九名弱智兒童接種了這種疫苗，這些實驗結果是失敗的。之後他試圖在各種感冒病毒之間尋找共性，但始終沒有成功。直到今天，雖然已經分離出上百種鼻病毒，但還是無人能夠研製出有效的感冒疫苗。

為什麼無人能夠重複普瑞斯的臨床試驗結果？希勒曼找到了原因：普瑞斯的有效結果是編造出來的。

低頭

找到自己走麥城的原因後，希勒曼放棄了感冒疫苗的研究，把注意力轉向長期以來被醫生們忽視的一種病毒：風疹病毒（德國麻疹，rubella virus，RUV）。

風疹病毒也是一種較新的病毒，直到十八世紀中葉才有報導。由於是德國醫生最先描述的，因此一度被稱為德國麻疹。相對於麻疹、水痘和猩紅熱來說，風疹症狀很輕。

一九四一年春天，澳大利亞雪梨眼科醫生諾曼・葛列格走出自己的辦公室，在護士的桌上找文件，正好聽到帶孩子前來看病的兩位母親的談話。這兩位母親的孩子都失明了，兩位母親交換了各自懷孕的經歷，發現她們吃得很健康，一直服用維生素，沒有離開雪梨，親屬中也沒有眼睛有毛病的，還有一個相同之處就是在懷孕早期患過德國麻疹。

葛列格不相信風疹能導致胎兒失明，但他還是花了幾個星期對這兩年的病例進行分析和調查。兩年前，澳大利亞流行風疹，他發現風疹流行九個月後，他的診所出現越來越多的失明嬰兒。七十八名失明嬰兒的母親中，有六十八位在懷孕早期出現過風疹症狀。他把這個結果發佈在澳大利亞一本不起眼的醫學雜誌上，由於他從來沒有發表過醫學論文，結果沒有什麼人相信這個結果。

之後二十年內各國科學家慢慢地證實了葛列格的發現，也就是病毒和細菌能夠導致出生缺陷。

風疹在二十世紀初開始流行全球，美國直到二十世紀六〇年代才出現全國性的風疹流行。一九六三年到一九六四年之間，風疹流行感染了一千兩百萬美國人，導致六千例流產和兩千例嬰兒死亡，造成兩萬名嬰兒出現出生缺陷和患有各種疾病。因為擔心自己的孩子會出現出生缺陷，五千名孕婦做了人工流產。

希勒曼在這場風疹大流行之前就開始研製風疹疫苗，在這場大流行之後，他的緊迫感更強了。他算了一下，美國在一九三五年、一九四三年和一九五八年出現了風疹流行，加上這一次，也就是說每隔七年流行一次，那麼下一次流行將在一九七〇年到一九七三年之間，在此之前一定要研製出有效的風疹疫苗來。

他從費城一名姓班諾瓦的八歲男孩的喉嚨中採集到風疹病毒，稱之為「班諾瓦株」，在猴腎細胞和鴨胚中培養出減毒疫苗。一九六五年一月，給費城附近的弱智兒童接種，所有的接種者都產生了抗體。幾個月後，賓州出現了一次小規模風疹流行，百分之八十八的兒童得了風疹，接種了他的疫苗的兒童無一得風疹。希勒曼對自己的風疹疫苗很有信心，準備投入大規模生產，但是有人不許他這麼幹。

這天，希勒曼接到自己的老闆馬克斯·蒂什勒的電話，問他聽說過亨利·邁耶這個名字沒有，且告訴他，瑪麗·拉斯克 (Mary Woodard Lasker) 說邁耶已經做出了風疹疫苗。拉斯克認為那是一個很好的疫苗，讓蒂什勒到紐約去，商討應該怎麼做。

希勒曼知道瑪麗·拉斯克，這個女人的能量非常大，如果惹惱了她，就會有大麻煩。瑪麗·拉斯克是阿爾伯特·拉斯克 (Albert Lasker) 的遺孀。阿爾伯特·拉斯克是現代廣告學之父，高中畢業後進入廣告界，他不要現金報酬，而要求顧客用股票支付，後來因為顧客的股票上漲而成為大富翁，三十歲就退休了。一九四〇年，他和瑪麗結婚，瑪麗說服他成立了阿爾伯特和瑪麗基金會。瑪麗・拉斯克對美國的醫學研究貢獻極大，最大的功績是擴大了國家衛生研究院，包括一九七一年成立的國家癌症研究所，國家衛生研究院的經費從一九四五年的兩百五十萬美元上升到後來的五十六億美元。她建立的拉斯克獎（Lasker Award）是美國生物醫學研究最重要的獎項，很多得主後來都獲得了諾貝爾獎。

拉斯克希望希勒曼停止他的風疹疫苗的研製，因為邁耶和保羅・派克曼從一名美軍新兵的身上分離出了風疹病毒，在猴腎細胞中傳了七十二代。拉斯克的理由是這兩人任職於負責發放疫苗許可的部門，他們的疫苗會更快獲得許可，能夠儘快上市。

一九六六年春天，蒂什勒和希勒曼坐火車到了紐約，然後乘計程車到了中央公園附近的拉斯克的公寓，坐在拉斯克的餐桌邊緊張地等著拉斯克開口。

拉斯克從最近的風疹流行談起，認為如果展開競爭的話會減慢風疹疫苗上市的過程。希勒曼這才意識到拉斯克希望他放棄自己的疫苗，他小心翼翼地解釋了在下一次流行之前做出風疹疫苗的重要性，而拉斯克認為如果兩種疫苗競爭的話是無法實現這個目的的。希勒曼指出邁耶那東西還不算疫苗，拉斯克讓希勒曼和蒂什勒回到默克後好好考慮她的請求。

站在紐約的大街上，蒂什勒讓希勒曼拿主意，無論怎麼做他都支持，但希勒曼沒有主意，他感到了巨大的壓力，最後決定向邁耶要疫苗試驗一下。拿到邁耶的疫苗後，他給二十名兒童接種，發現毒力太大，在鴨胚中傳了五代後才減弱了毒力。一年後，希勒曼比較了自己的疫苗和邁耶的疫苗，發現兩者都能產生抗體，也都很安全，但自己的疫苗刺激出的抗體水準更高。

此時，希勒曼面臨著一個選擇，或者用自己的疫苗，或者按拉斯克的請求，用邁耶的疫苗。他內心覺得應該用自己的疫苗，但那樣一來他將會承受巨大的壓力，尤其是政治上的壓力。

希勒曼的風格更像一個軍人，對他自己團隊的管理也是軍事化的，在這種管理下，他的手下對他保持著絕對的忠誠。他一貫雷厲風行，但這一次猶豫了。拉斯克說的不無道理，邁耶的疫苗能夠更快獲准上市。

最後，希勒曼低頭了，做了他一生最後悔的事，放棄了自己的疫苗，用邁耶的疫苗作為默克公司的上市風疹疫苗。一九六九年該疫苗獲得許可，之後十年內默克公司生產出上億劑的疫苗，預料之中的一九七〇年到一九七三年的風疹流行因為人們普遍接種風疹疫苗而沒有出現。

但這並不是風疹疫苗的結局，因為希勒曼的這個心結，他後來用更好的疫苗取代了自己研製的疫苗。

擺脫陰影

瑪麗・拉斯克並不知道，除了希勒曼和邁耶之外，費城的惠斯特研究所也在研製風疹疫苗。惠斯特研究所是美國最古老的獨立研究所。最先研製出脊髓灰質炎疫苗的希拉蕊・柯普洛夫斯基從萊德利實驗室來到這裡，將惠斯特研究所建成世界領先的腫瘤和病毒研究中心。

史坦利・普洛特金（Stanley Plotkin）先就職於疾病控制與預防中心（CDC），受命研究炭疽，因此來到因為製衣業集中而成為炭疽高發區的費城，在惠斯特研究所進行炭疽研究，之後在倫敦完成了一年的兒科實習。一九六二年回到美國後，他的興趣轉到風疹上，在惠斯特研究所建立了自己的實驗室。剛巧趕上風疹大流行，由於他受過兒科訓練，在風疹流行中接觸了很多孕婦，不斷地告訴她們，風疹很可能對胎兒造成影響，因此不少孕婦選擇了人工流產。

這段經歷讓普洛特金渴望能夠研製出風疹疫苗，但是他和希勒曼、邁耶不同，後二者從咽喉獲得病毒，他則希望從胎兒處獲得病毒，因為這裡的病毒才是導致胎兒先天性缺陷的病原體。一九六四年，一名懷孕八周的二十四歲的費城孕婦發現自己臉上出疹，生怕是風疹，於是來見普洛特金。普洛特金證實她得的是風疹，告訴她可能的後果，這名孕婦決定做人工流產。流產的胎兒被送到普洛特金的實驗室，這是他收到的第二十七個流產胎兒。這一次，他從胎兒的腎中分離出風疹病毒，因為腎是他檢測的第三個器官，這株病毒被命名為「風疹流產胎 27/3」。

下一步是在細胞中傳代，使得病毒減毒。邁耶用的是猴腎細胞，希勒曼用的是鴨胚，普洛特金決定用胎兒細胞。和他分享實驗室的雷納德．海弗利克（Leonard Hayflick）正在進行人胚胎細胞的研究，藉以研究衰老的秘密。海弗利克是從另外一名病毒學家那裡得到流產胎兒的，這是一個三個月大的胚胎，來自一位海軍陸戰隊員的妻子，因為丈夫酗酒，妻子不想再多要孩子了。將胎兒細胞放到培養皿中，海弗利克發現這些細胞能夠傳代，但並不能無限傳代，傳到五十代左右就死亡了，這就是人衰老和死亡的秘密，被稱為「海弗利克極限（Hayflick limit）」。

在此之前，獲得一九一二年諾貝爾生理學和醫學獎的法國科學家亞歷克斯．卡雷爾(Alexis Carrel)曾經將雞的心臟在體外培養了三十二年之久。但卡雷爾不知道，他的技術員在用雞胚提取液做培養液時，連帶著加入了新的細胞。技術員們不敢告訴他，因為這會影響他的職業生涯，也會導致他們被解雇。就這樣一直蒙混下去，直到被海弗利克的實驗結果揭穿。

海弗利克用實驗證明了，並非生長條件決定細胞能繁殖多少代，繁殖是由細胞內部的生物鐘決定的。他將已經繁殖了十代的女性胚胎細胞和已經繁殖了三十代的男性胚胎細胞混合在一起，發現在相同的培養條件下，女性胚胎細胞繁殖了四十代，男性胚胎細胞只繁殖了二十代，最後各自加起來都是一共繁殖了五十代。科學家對此進一步研究，證明是因為 DNA 的端粒在每次複製時會縮短一點兒而造成的，腫瘤細胞則不存在這個現象，因此能無限繁殖下去。這樣就開拓了一個研究如何保持年輕的新的途徑。海弗利克並不想長生不老，他的願望是在一百歲生日那天死去，在此之前各方面功能都完善，關於這一點，恐怕要等到二〇二八年五月二十日才能證明。

普洛特金對長生不老沒有什麼興趣，他的興趣在於研製風疹病毒。他從海弗利克那裡拿來胚胎細胞，加入風疹病毒，但他沒有按常規細胞培養那樣在三十七攝氏度進行培養，而是按子宮的溫度三十攝氏度進行培養，細胞傳代二十五代後，病毒在三十攝氏度的條件下生長良好，在常溫下則生長不佳。普洛特金用這種疫苗對上千人進行了試驗，在免疫力和免疫試劑上都強於默克的疫苗，但無法和希勒曼自己研製的疫苗進行比較，因為希勒曼已經放棄了那種疫苗。

普洛特金的疫苗雖然很好，但由於是用人胚胎細胞製備的，招來很強烈的反對意見，帶頭的是剛剛成功研製出口服脊髓灰質炎疫苗的阿爾伯特．沙賓。研製脊髓灰質炎疫苗的幾位大人物中，沙克和沙賓是俄國猶太人後裔，柯普洛夫斯基是波蘭移民。沙賓比沙克更張揚，他的口服疫苗和柯普洛夫斯基競爭後獲勝，也取代了沙克的非口服疫苗。普洛特金是柯普洛夫斯基的手下，沙賓當然要對他的疫苗橫挑鼻子豎挑眼。

一九六九年二月，在美國國家衛生研究院召開了為期三天的會議，到會的都是風疹疫苗方面的專家，名望如日中天的沙賓作為疫苗研究的權威也應邀到會。會議的最後一天，沙賓發難，認為普洛特金的疫苗是從人胚胎細胞裡生產出來的，裡面的未知成分是非常有害的。

沙賓發難後，普洛特金鎮定了一下，認為沙賓並沒有證據。等沙賓坐下，他拿過麥克風，逐句反駁沙賓的責難，指出沙賓所說的全是理論上的假設，沒有一條事實證據。出乎他的意料，他講完後全場鼓掌，因為檢驗科學的是事實而不是大師。

有一天，普洛特金辦公桌上的電話鈴聲響起，他拿起電話。

「這是莫里斯．希勒曼。」

希勒曼說服了默克公司高層，決定用普洛特金的疫苗替代邁耶的疫苗。從一九六九年起，接種風疹疫苗的成千上萬的孕婦中只有一例出現胎兒異常，證明普洛特金和邁耶的疫苗都非常安全，也證明沙賓的感覺是錯誤的。希勒曼終於擺脫了瑪麗．拉斯克的陰影，讓美國和全世界的人使用上了更好的疫苗。

二〇〇五年三月二十一日，美國疾病控制與預防中心主任朱莉·格貝爾丁宣佈風疹在美國絕跡。但全球只有一半的國家和地區接種風疹疫苗，每年全球還是有超過十萬名兒童因為母親感染風疹病毒而導致出生缺陷。不過隨著風疹疫苗接種範圍的擴大，早晚有一天風疹會在人群中絕跡。

猴子帶來的病毒

沙賓的指責雖然無聲無息了，另外一種指責的聲音又出現了。因為普洛特金是用墮胎胎兒細胞製備的疫苗，因此遭到反對墮胎的美國天主教教徒的反對。加上普洛特金是猶太人，因此這一事件在二十一世紀初激起的反對的聲浪很強烈，好在天主教會已經與時俱進了，在這個問題上比較謹慎，沒有掀起太大的風波。

在疫苗生產上，在普洛特金之前一直使用動物細胞。馬克斯·泰雷爾（Max Theiler）的黃熱病疫苗用的是小鼠和雞的細胞，沙克和沙賓的脊髓灰質炎疫苗用的是猴細胞，希勒曼的麻疹疫苗、腮腺炎疫苗和流感疫苗用的是雞細胞。但是普洛特金發現只有人胚胎細胞才能更有效地培養出風疹病毒來。和風疹病毒一樣，有很多病毒在動物細胞中繁殖得很不理想，只能用人的細胞進行繁殖。

另外一方面，使用人胚胎細胞可以杜絕動物病毒的污染。希勒曼在恩德斯的麻疹疫苗中發現了雞白血病病毒，泰雷爾的黃熱病疫苗也感染了這種病毒，雖然事後證明這種病毒不能在人體內致癌，但不能保證其他動物病毒是安全的。對這種動物病毒的污染後果要靠幾十年的跟蹤調查才能下結論，很難說是否安全，因此科學家們傾向於用人胚胎細胞代替動物細胞製作疫苗。

由於病毒學於二十世紀初才形成，在整個二十世紀，病毒學屬於一門新學科，新的病毒不斷地被發現。科學家把注意力集中到致病性人類病毒上，對於動物病毒則沒有什麼大的投入。因此當沙克和沙賓做他們的脊髓灰質炎疫苗時，並不知道被猴病毒感染了。等到這種能夠在猴子中致癌的病毒被發現後，上百萬的孩子已經接種了這種疫苗，也就是說他們同時被接種了這種猴病毒。

沙克和沙賓都是用獼猴的腎細胞製作疫苗的，這種猴一直被當作實驗動物，心理學家也用牠們做研究動物，因為獼猴是唯一在吃以前洗食物的動物。沙克和沙賓研究脊髓灰質炎疫苗時，已經發現了三十九種猴病毒，但沙克和沙賓使用的猴腎細胞並沒有被其中任何一種病毒感染，而且這些病毒都很容易被福馬林殺死。但希勒曼更為謹慎，一直懷疑有一種未知的病毒不能完全被福馬林殺死。

一九五八年，希勒曼利用到華府開會的機會拜訪國家動物園園長威廉．曼恩，向他介紹了疫苗業面臨的嚴重的動物病毒感染的問題。曼恩告訴希勒曼，這是因為各種猴子在從非洲運出來的過程中，待在一個非常擁擠的空間裡，導致各種猴病毒在猴子之間相互感染造成的。曼恩給希勒曼一個解決的辦法，讓他到西非去抓一隻非洲綠猴，先運到馬德里機場，因為那裡從來沒有運輸過動物，再從馬德里運到紐約。

希勒曼採納了這個建議，雇人在西非抓了幾隻非洲綠猴，又經馬德里到紐約，最後運到他的實驗室。他馬上把猴殺死，取出腎細胞，在電子顯微鏡下沒有發現任何病毒，然後把猴腎細胞磨碎，加到其他細胞中去，也沒有任何病毒繁殖。希勒曼相信這樣得到的非洲綠猴是沒有被病毒感染的。

接下來，希勒曼把製備疫苗用的、已經證明沒有感染病毒的獼猴腎細胞加入綠猴細胞之中，發現綠猴細胞很快就死亡了，就這樣他發現了第四十種猴病毒，命名為 SV40（simian virus 40）。

希勒曼將 SV40 注射給新生的倉鼠，發現百分之九十的倉鼠在皮下、肺部、腎臟和腦部出現腫瘤。他又發現沙克的經過福馬林滅活的脊髓灰質炎疫苗中依然有少量的活 SV40，此時沙克的疫苗已經接種了上千萬人。他繼續檢測沙賓的脊髓灰質炎疫苗，發現由於沒有經過福馬林滅活的程序，沙賓的疫苗 SV40 污染更嚴重，此時沙賓的疫苗還沒有在美國獲准，但已經給九千萬蘇聯人接種。

一九六〇年，在第二屆國際活脊髓灰質炎疫苗會議上，當著沙賓的面，希勒曼公佈了實驗結果，沙賓為此暴跳如雷。

之後幾年，希勒曼等人進行了更多的實驗，發現雖然注射 SV40 能夠使得倉鼠得癌症，但口服 SV40 不會，沙賓的疫苗是口服的。他們在口服了疫苗的兒童糞便中發現了 SV40，但沒有一名兒童因此生病，證明 SV40 能經過消化系統被排泄出去。他們還發現福馬林滅活雖然不能徹底殺死 SV40，但能夠將其毒性減弱到萬分之一，因此沙克疫苗中的 SV40 很可能不會致癌。研究人員也比較了接種感染 SV40 疫苗的兒童和沒有接種疫苗的兒童之間的腫瘤發病率，發現八年之後，兩組兒童沒有區別，十五年和三十年之後依然沒有區別。到二十世紀九〇年代中期，有關部門終於宣佈，感染了 SV40 的疫苗不會導致癌症。

但是這件事情並沒有結束。美國國家癌症研究所的蜜雪兒・卡伯恩在研究腫瘤成因的過程中將精力集中在一些罕見的腫瘤上，發現有一個基因在這些罕見的腫瘤中都存在，這個基因在 SV40 中也存在，這樣一來 SV40 又和腫瘤聯繫起來了。

非洲的傳聞

為了論證 SV40 是否對人類有害，研究人員擴大了研究對象，從幾千人擴大到幾十萬人，發現接種了感染 SV40 疫苗的人的腫瘤發生率和沒有接種的人是一樣的，還發現沒有接種過這種疫苗的人也有可能帶著這種基因，甚至那些出生在脊髓灰質炎疫苗問世之前的人也帶有抗 SV40 的抗體。之後的一些實驗並不能重複卡伯恩的結果，說明卡伯恩的結果很可能是不可信的。

但是這些嚴格的科學驗證並沒有被媒體傳達給公眾，有關 SV40 導致人類腫瘤並被政府隱瞞下來的說法作為陰謀論之一廣為流傳，成為和疫苗有關的一個熱門話題。

希勒曼建議停止使用沙克和沙賓的脊髓灰質炎疫苗，這個建議沒有被採納。到了晚年，他對有關部門的這個決定表示非常贊同，因為這個決定挽救了成千上萬人的生命，也使得無數的人不會因為感染脊髓灰質炎病毒而殘疾。

柯普洛夫斯基最先研製出脊髓灰質炎疫苗，但他的疫苗離工業化生產還有一段距離，結果讓沙克領了先。沙賓隨後研製成功脊髓灰質炎口服疫苗；柯普洛夫斯基的疫苗也是口服疫苗，兩個人的競爭導致口服脊髓灰質炎疫苗在美國遲遲得不到批准。俄裔沙賓去了蘇聯，那裡大規模使用他的口服脊髓灰質炎疫苗，柯普洛夫斯基則去了非洲，帶著普洛特金等人在中非大規模推廣自己的疫苗。

一九九二年開始，有人指責柯普洛夫斯基的疫苗帶有猴愛滋病病毒 (SIV)，給非洲兒童口服後引起變異，出現了人類愛滋病病毒 (HIV)，柯普洛夫斯基因此被稱為愛滋病之父。但指責者的證據都被推翻了。首先，愛滋病不是從柯普洛夫斯基試驗脊髓灰質炎疫苗的地區開始流行的；其次，柯普洛夫斯基用的是猴細胞而不是猩猩細胞；最後，SIV 變異成 HIV 的時間不會那麼短，起碼要用幾十年。用聚合酶鏈式反應技術對柯普洛夫斯基的疫苗進行檢測，沒有發現 SIV、HIV 或者猩猩的 DNA。HIV 確實是從野生猩猩攜帶的 SIV 轉化而來的，但時間發生在二十世紀三〇年代，估計是一名喀麥隆的獵人被猩猩咬傷而感染上的。

柯普洛夫斯基在非洲時，參加了世界衛生組織的一次關於狂犬病疫苗的會議，在會議上遇見了同樣是波蘭裔的塔德．維克托。維克托對研製狂犬病疫苗很有興趣，柯普洛夫斯基當即邀請他加入惠斯特研究所，維克托便一直在惠斯特研究所工作了三十年，直到去世。

巴斯德的狂犬病疫苗有兩個問題：一是它是用兔子的脊髓製備出來的，偶爾會引起癱瘓、昏迷和死亡；二是要連續接種十四次，讓接種者頗受折磨。二十世紀五〇年代有人用鴨胚研製成功狂犬病疫苗，但由於疫苗還帶有鴨腦和鴨脊髓的細胞成分，會引起自身免疫病。

這種疫苗也要連續接種，一共接種三個禮拜。為了解決這兩個問題，維克托也看上了海弗利克的胎兒細胞，從他那裡要來了細胞。幾年後，他能夠在這種細胞中培養出狂犬病病毒，而且能夠用福馬林完全滅活。普洛特金將這種疫苗給柯普洛夫斯基和維克托接種，發現能刺激出高濃度的狂犬病抗體。他們將這種疫苗拿到到處是瘋狗的伊朗，給被狗嚴重咬傷的人接種，疫苗百分之百有效，而且只需要接種幾次，非常安全。這種疫苗現在每年接種人數達到上千萬人。

在水痘疫苗問世之前，美國每年四百萬人得水痘，在全球則有上億人得病。水痘雖然看起來不很嚴重，但如果進入腦部就會導致腦膜炎，進入肝臟則會引起肝炎，進入肺部會引起致死性肺炎。更重要的是，得水痘的時候，人容易被A組鏈球菌感染。

一九五一年，後來因為研究脊髓灰質炎疫苗而獲得諾貝爾獎的湯瑪斯．韋勒五歲的兒子彼得患水痘了，韋勒從兒子身上採了樣，在實驗室中進行培養，發現病毒在人胚胎細胞中生長得最好。二十多年後，日本科學家山西弘一從一名得水痘的三歲男孩身上採樣，在較低溫度的情況下在來自日本的胚胎細胞中傳了十一代，然後在白老鼠的胚胎細胞中傳十二代，又在海弗利克的胎兒細胞中傳了二代，最後在十四周的男胎細胞中傳了五代，得到了最有效的水痘疫苗。希勒曼於一九九五年將之引入美國，十年後，幾乎所有的美國兒童都接種這種疫苗，使因為水痘而致死的病例減少了百分之九十。

始作俑者的結局

A型肝炎病毒是一種通過消化道傳染的病毒，每年在全球導致幾百萬人得病，上千人死亡。美國最大的一次A型肝炎爆發性流行於二〇〇三年出現在賓州西部，原因是一家墨西哥餐館從墨西哥進口的洋蔥裡帶有A型肝炎病毒，導致七百多人被感染，四人死亡。全球最大的一次A型肝炎爆發性流行於一九八九年出現在上海，因為吃了被A型肝炎病毒污染的生蠔，三十萬人生病，四十七人死亡。

一九六五年，芝加哥的聖魯克醫院微生物學主任弗里茲．戴恩哈特從一位三十四歲的得了肝炎三天的外科醫生身上採了血樣，這位醫生的皮膚和眼睛出現了黃疸，一吃東西就吐，非常疲倦而無法工作。戴恩哈特把採到的血樣給狨猴注射。狨猴是一種珍稀動物，但戴恩哈特的狨猴是自己養育繁殖的。注射幾周後，所有的狨猴都生病了。

戴恩哈特的計畫是由軍方資助的，軍方對他的成果很不滿意。因為戴恩哈特在做C型肝炎病毒研究，發現A型肝炎病毒純屬偶然，軍方認為他不務正業，直到希勒曼為他背書，證明他為A型肝炎病毒的研究打開了大門才算完。

希勒曼同樣把A型肝炎病人的血液注射給狨猴，幾周後在狨猴的肝臟中發現A型肝炎病毒。但狨猴很難得到，希勒曼想到了海弗利克的胎兒細胞。

其後幾年，用海弗利克的胎兒細胞，希勒曼發現了檢測A型肝炎病毒和A型肝炎抗體的方法，在胎兒細胞中成功培養了A型肝炎病毒並將之減毒，用福馬林滅活。這種疫苗在動物實驗中有效，下一步是要找高危險人群進行人體試驗。他選中了紐約郊區的一個猶太人居住區，因為這裡是A型肝炎高發區。他們將沒有感染過A型肝炎的一千名兒童分為兩組，一組接種疫苗，另外一組做對照。三個月後，有三十四名兒童得了A型肝炎，都是對照組的。一九九五年，默克公司的A型肝炎疫苗獲得許可，從那時到現在，美國的A型肝炎病例減少了百分之七十五。

用海弗利克的胎兒細胞，科學家們成功地研製出了風疹疫苗、狂犬病疫苗、水痘疫苗和A型肝炎疫苗這四種疫苗，使得這種細胞成為科學史上最成功的細胞，但這種成功給海弗利克本人帶來了大麻煩。

在研製上述四種疫苗的年代，科學家們對於使用墮胎而來的胎兒細胞沒有什麼顧忌，在他們眼中，這種細胞容易培養，幾乎所有人類病毒都能在這種細胞裡繁殖，加上安全性，是製備疫苗最理想的細胞。媒體、公眾和政府方面也沒有異議，因為那些墮胎的婦女是自願的。

但是，時代不同了，這種情況已經改變了。隨著美國保守主義的抬頭，墮胎問題上的爭議也越來越大，因此對於將胎兒細胞用在醫學研究上的反對聲浪越來越高。反對者並不反對製備疫苗，而是反對用胎兒細胞。他們質問：為什麼不用動物細胞？可以用經過檢測、沒有污染的細胞。

但是，說來容易，做起來就難了。因為這樣一來會導致疫苗的研製費用大大提高，而且還有潛在的、沒有被發現的動物病毒的威脅。起碼對於現有的成功的疫苗，是不太可能重新用動物細胞研製的。美國現在已經不用新的墮胎胎兒細胞，因為一九六一年那一次大墮胎，冷凍的胎兒細胞已經足夠幾代使用了。

一九六八年，海弗利克離開惠斯特研究所，到史丹佛大學擔任醫學微生物學教授。他把胎兒細胞帶到加州，之前他已經成立了自己的公司，將胎兒細胞賣給各地的研究人員，收入用在細胞的準備和運輸上，一共只收了一萬五千美元。

在用人胚胎細胞研製疫苗的爭議中，海弗利克是中心，反對勢力最恨的就是他，這時候又有了把柄，因為海弗利克的研究是由政府資助的，按當時的規定，這些研究的成果屬於公眾而不屬於研究者個人。一九七六年，美國國家衛生研究院向史丹佛大學抱怨海弗利克的不道德行為，因為史丹佛大學科學研究經費的百分之九十八來自國家衛生研究院的資助，學校馬上和地區檢察官、國家衛生研究院官員來到海弗利克的實驗室，將胎兒細胞封存，並凍結了海弗利克公司的帳戶。

一九七六年二月二十七日，海弗利克向史丹佛大學遞交了辭呈。在此之前，海弗利克在醫學界如日中天，他的發現開創了衰老機制研究的新領域，現在卻驟然成了領失業救濟的人，之後一年，夫妻倆每周的生活費只有一百零四美元。

海弗利克為此將聯邦政府告上法庭。政府方面要求希勒曼作為證人出庭指控海弗利克，遭到希勒曼的拒絕，聲稱如果海弗利克被定罪，他將發起一場行動，讓兩名政府高官和海弗利克一起坐牢。海弗利克應該被讚美為一名科學英雄，而不是被起訴。

經過六年的訴訟，這樁官司在庭外和解，政府發還扣留的一萬五千美元外加利息，並容許海弗利克保留他的胎兒細胞。科學界的同行為此歡呼，《科學》雜誌上發表了一封由八十五位科學家簽名的信，對海弗利克的獲勝表示欣慰。這樁官司導致了相關法律的改變，儘管獲得政府資助，但是科學家們仍然可以擁有並出售他們的發明。於是二十世紀八〇年代和九〇年代美國的生物技術公司如雨後春筍一樣出現，推動了美國科學研究成果的應用。

但是海弗利克則成了犧牲品，政府發還的錢都充當了律師費。一九八二年他去了佛羅里達，後來回到加州工作。二〇〇九年諾貝爾生理學和醫學獎授予了發現端粒和端粒酶如何保護染色體的研究，而作為這項研究的先驅者，海弗利克卻無法獲得諾貝爾獎。

病毒的生存

疫苗是對抗傳染病最有效的辦法，也是滅絕高傳染性疾病最有效的辦法，但疫苗從出現的那天起，就和副作用聯繫在一起。

疫苗的抗傳染病效果在於調動人體自身的免疫功能，以一次很溫和的感染讓免疫系統產生抗體，等真正的感染到來後，因為已經有相應的抗體存在，人體就不會被感染，從而達到抗病的目的。但是疫苗對於人體從本質上來說是異物，多多少少會引起人體的反應。

琴納的牛痘苗使得人類得以戰勝天花，但琴納沒有穩定的牛痘病毒來源，只能先把牛痘接種在志願者的皮下，等八天後出痘了，從痘中取樣，再給另外一個人接種。這種從手臂到手臂的接種辦法有一定的危險。由於當時還不知道消毒的重要性，琴納接種的一名五歲的男孩約翰·貝克在接種後因為細菌感染而死。一八六一年在義大利，由於一個孩子患梅毒，導致接種疫苗的四十一個孩子被傳染。一八八三年在德國，同樣因為某一位接種者患肝炎，導致肝炎爆發性流行。

接下來誕生的疫苗是巴斯德的狂犬病疫苗，在大規模接種一段時間之後，大約千分之五的接種者會殘疾甚至死亡。巴斯德認為這些人是因為狂犬病而殘疾或者死亡的，但後來證實是因為他的疫苗。這是因為疫苗中來自腦和脊髓的細胞帶有髓磷脂，有些人接種疫苗後，裡面的髓磷脂會引起對自己神經系統的免疫反應，也就是自身免疫。後來希勒曼等人用雞胚製備疫苗的時候，會切斷雞頭，就是為了防止自身免疫病。

二戰期間，科學家用人血清製備黃熱病疫苗，結果疫苗被B型肝炎病毒污染，導致三十萬美軍患B型肝炎，六十人死亡。

B型肝炎病毒是肝炎病毒中最常見也是最嚴重的一種，這種病毒是在距今一萬年到七千年之間演化形成的。一八八三年德國因為接種天花疫苗而導致的B型肝炎流行是歷史上第一次流行，從此人類進入了B型肝炎時代。今天全球有三．五億到四億人為B型肝炎病毒攜帶者，亞洲的很多地區，B型肝炎的人群感染率為百分之十，在中國有一．三億B型肝炎病毒攜帶者，其中三千萬人是慢性感染者，每年有三十萬中國人死於B型肝炎，佔全球B型肝炎死亡人數的一半。B型肝炎導致的肝癌在人類腫瘤嚴重性上僅次於皮膚癌和肺癌而排名第三。

B型肝炎在全球的大規模流行正是疫苗接種的一個最嚴重的副作用。B型肝炎病毒可以通過密切接觸和血液傳播，在疫苗接種過程中，如果消毒不善，很容易導致B型肝炎病毒從一個感染者那裡傳染給很多人。在疫苗接種的早期，人們不知道這種傳播途徑，沒有採用必要的消毒措施，接種用的針頭反覆使用，使得B型肝炎病毒擴散得很快。世界衛生組織(WHO)開始消滅天花等病毒的全球計畫免疫行動後，在第三世界國家，由於沒有嚴格的消毒措施以及共用針頭，導致B型肝炎病毒大規模流行。以中國為例，直到二十世紀八〇年代，在計畫免疫中共用針頭的狀況還很普遍，使得中國成為B型肝炎的頭號大國。

對抗B型肝炎，最好的辦法是接種B型肝炎疫苗。一九六五年，在美國國家衛生研究院工作的巴魯克．布隆伯格 (Baruch Samuel Blumberg) 在一名澳大利亞土著居民的血液中發現了B型肝炎病毒的表面抗原，稱之為澳大利亞抗原，使得B型肝炎疫苗的研製成為可能，他因為這個發現得到了一九七六年諾貝爾生理學和醫學獎。一九七〇年在電子顯微鏡下看到了病毒顆粒，二十世紀八〇年代末完成了B型肝炎病毒的基因測序。

希勒曼從二十世紀七〇年代末期就開始研製B型肝炎疫苗，他遇到的難題是怎樣獲得病毒。在此之前，他研製的都是呼吸道病毒疫苗，到生病的孩子的喉嚨裡採樣就是了，可是B型肝炎病毒是一種不同的病毒，主要存在於血液中。

病毒有各自的存活方式，人體內病毒生存的關鍵是如何對抗人體的免疫系統。在這方面，病毒們八仙過海，各顯神通。腮腺炎病毒和疱疹病毒安靜地待在神經系統中，藉以欺騙免疫系統，幾十年後再繁殖。流感病毒不斷地變換其表面蛋白，使得流感疫苗必須年年接種。狂犬病病毒存在於動物的唾液中，通過手臂或者腿部的神經慢慢地進入腦部，從一個神經細胞到另外一個神經細胞，根本不進入血液，免疫系統產生的抗體對它無法發生作用。愛滋病病毒在這方面最為高明，它直接感染免疫細胞，導致免疫功能缺陷，同時變異非常快，超過免疫系統產生抗體的速度。

B型肝炎病毒感染肝細胞的關鍵是其表面蛋白和肝細胞結合，人體免疫系統產生的抗體會阻止這種結合，使得B型肝炎病毒不能感染肝細胞。B型肝炎病毒的對抗策略是產生大量的表面抗原，使得免疫系統產生的抗體無法完全阻斷它們和肝細胞的結合，以量取勝，因此在感染者的血液中有多達 5×1017 個病毒表面抗原。

布隆伯格發現澳大利亞抗原後，一直不知道這是B型肝炎病毒的東西。布隆伯格本人不是病毒學家，他發現白血病病人的血液中澳大利亞抗原很普遍，後來又發現唐氏綜合症病人也有這種抗原，但他還是不知道這種抗原到底屬於哪種病毒。

小心為上策

紐約輸血中心的病毒學家艾爾弗雷德．普雷斯一直在病人輸血前和輸血後採取血樣，一九六八年他發現一名病人患肝炎，輸血前的血樣沒有澳大利亞抗原，輸血後的血樣裡面就有了，因此斷定這種抗原和B型肝炎病毒有關。

到了這個時候，就有可能研製B型肝炎疫苗了。

紐約大學醫學院兒科系主任索爾．克魯曼也是俄國移民的後裔，是沙賓的表弟。此人在三十九歲時才發表第一篇科學論文，其後一發不可收拾，一共發表了兩百五十多篇論文，其與人合著的傳染病學教材已經發行到了第十一版。在人們眼中，克魯曼是位天才，也是個魔鬼，天才說的是他在醫學研究上的成就，魔鬼指的是他的B型肝炎疫苗研究。

在得知了布隆伯格和普雷斯的發現後，克魯曼從一名B型肝炎病人身上採了血液，等血液凝固後，將血清取出來，注射給紐約那所著名的威洛布魯克學校的二十五名弱智兒童。克魯曼這樣做的目的是想知道病人的血清中是否有B型肝炎病毒，結果二十四名兒童得了肝炎，其中一名兒童成為慢性感染者。克魯曼因此做出結論，病人的血清具有高度感染性。

接下來，克魯曼用水將血清稀釋，加熱一分鐘，然後給弱智兒童注射，有人注射了兩劑，有人注射了一劑，再給他們注射病人的血清。這一次注射了兩劑的孩子沒有一個生病，注射了一劑的孩子有一半沒有生病。克魯曼為此很激動，因為他只是把血清稀釋後加熱一下，就做成疫苗了。

但是，克魯曼沒有料到，他這樣做是要受到道德譴責的。紐約州參議員西摩亞・泰勒對此提出嚴重的抗議，而威洛布魯克學校的校長傑克・哈曼德則認為這樣做是對的，因為肝炎是威洛布魯克學校的大問題。紐約州的衛生部門支持哈曼德，指出由於克魯曼的成果，肝炎已經從威洛布魯克學校消失了。

泰勒沒有退縮，他的提案禁止在兒童身上做醫學實驗，這個提案沒有被紐約州議會通過，但泰勒的行動引起了媒體和公眾的注意。克魯曼的實驗證明了有A型肝炎和B型肝炎兩種肝炎，而且澳大利亞抗原可以被用為疫苗，他因此獲得很多獎項，包括拉斯克獎，並被選入國家科學院。但那些因為他在弱智兒童身上進行不道德的實驗而憤怒的人們及那些兒童的家長在他的餘生中一直跟隨著他到處抗議。一九七二年他在費城領取美國醫生學會獎的時候，遭到兩百多名抗議者抗議，以至於不得不由員警護送離開。

其實克魯曼清楚地知道自己發現的東西並不是疫苗，只能證明澳大利亞抗原的抗體對B型肝炎病毒感染有免疫力，真正的B型肝炎疫苗要靠疫苗專家去完成。

能做這件事的人選是希勒曼，他從B型肝炎的高危險群同性戀者和吸毒者那裡收集來大量的血液，希望從中純化出澳大利亞抗原來。這是個看起來不可能完成的任務，因為人的血液中有各種各樣的成分，這些B型肝炎感染者的血液中除了澳大利亞抗原外，還有大量的活

B型肝炎病毒，以及很多未知的東西，其中一種直到幾年後才被發現，它就是愛滋病病毒。

希勒曼並沒有這方面的經歷，也沒有從事過這方面的工作，他只能參考克魯曼的辦法，進行加熱處理。一開始，他希望默克公司的工程師克林克做出一個儀器來，這樣血液可以先經過熱水管，然後經過紫外燈照射，再經過福馬林處理。克林克沒有達到他的要求，希勒曼又決定用三種不同的化合物來處理血清，先用胃蛋白酶分解血液中的蛋白，但不能分解澳大利亞抗原。經過試驗，這個辦法是成功的，胃蛋白酶使得血液中的感染性B型肝炎病毒顆粒只剩下百分之一。但是從安全的角度考慮，有百分之一的感染性顆粒也不可以。他接著用尿素來分解朊蛋白。二十世紀五〇年代，研究人員發現是朊蛋白導致庫魯病（Kuru），後來又發現其他疾病包括狂牛病也是朊蛋白引起的，這類感染物被稱為朊病毒，希勒曼生怕血液中有這樣的東西。尿素處理後，又用福馬林處理，福馬林可以徹底地滅活很多病毒包括B型肝炎病毒。這三種辦法每一種都可以將B型肝炎病毒的感染性降低到百分之一，合併起來是千萬億分之一。

但希勒曼不知道血液中的其他感染性成分是否也被滅活了，因此他對已知的病毒進行檢測，發現已知病毒都被滅活了。這證明了B型肝炎病毒的抗原非常穩定，很難被滅活。之後經過一系列的過濾，希勒曼奇蹟般地獲得了純化的B型肝炎病毒抗原。

幾年後，愛滋病病毒的檢測方法成熟了，用這些檢測方法在希勒曼的B型肝炎疫苗中沒有發現活的愛滋病病毒，這都得益於希勒曼的小心謹慎，使用了額外的步驟對血液樣品進行滅活處理。

B型肝炎疫苗

希勒曼的疫苗是第一個用人的血液製備出來的疫苗，儘管他認為很安全，但食品和藥品管理局不批准進行臨床試驗。原因是沙賓知道這個消息後表示強烈反對，如果希勒曼被告上法庭，沙賓將作為對方的證人，而且會連自己的表弟克魯曼一道告了。沙賓向來說到做到，所以美國食品和藥品管理局和國家衛生研究院都不贊同推廣這種疫苗。

希勒曼只好在默克公司內部找志願者，他不在實驗室人員中找志願者，因為如果發生意外，疫苗生產就會受影響。他找到公司的中層管理人員，說服他們來當志願者。疫苗接種後幾個月，這些志願者聽說有可能因此而感染愛滋病，陷入巨大的恐慌中。希勒曼把他們召集在一間會議室裡，讓他們放心：滅活的方法能有效地殺死病毒，志願者們不會得愛滋病。

在這段時間內，希勒曼對他的團隊要求非常嚴厲，每周工作七天，如果誰因為度周末而耽誤了試驗，後果是被開除。他按軍事化制度管理實驗室，對於B型肝炎疫苗的生產則要求能夠完全控制，要一絲不苟地按他的滅活程序生產，不能出任何意外。但是，默克公司的生產部門是由工會控制的。

一九八〇年八月十五日，希勒曼發現生產部門有人為了提高疫苗的產量而稍稍改動了他的滅活程序。因為沒有辦法檢測是否存在微量的活的B型肝炎病毒，所以改變程序後生產的B型肝炎疫苗就不能保證安全，這樣接種的孩子們就會有危險。他把生產線上的人叫到一間沒有空調的小會議室裡，用一連串髒字表達了自己的態度：生產程序不能改動。不少沒有遵照他的要求工作的員工被他炒了魷魚。

希勒曼給包括克魯曼、克魯曼的妻子和九名默克公司高級主管在內的志願者接種了B型肝炎疫苗，在沃爾夫．茲穆斯的幫助下，又在沒有感染過B型肝炎病毒的一千名同性戀者中進行了試驗，試驗證明接種疫苗後人感染肝炎的機率降低了百分之七十五。雖然有人指責這項試驗將愛滋病帶入美國，但這種指責後來被證明是毫無根據的流言。

一九八一年食品和藥品管理局為B型肝炎疫苗頒發了許可證，但是醫學界對這種疫苗的態度一直很謹慎，儘管這種疫苗屬於最安全的疫苗之一，但由於疫苗是用人的血液來製備的，還是有人對它的安全性表示懷疑。希勒曼知道他必須找到另外一種製備B型肝炎疫苗的辦法。

一九七二年，在美國夏威夷火奴魯魯舉辦了一次科學會議，兩位同樣來自舊金山的科學家在會議上相遇了，一位是加州大學舊金山分校的生物化學助理教授赫伯特·博耶 (Herbert W. Boyer)，另外一位是史丹佛大學的科學家史坦利·諾曼·科恩 (Stanley Norman Cohen)。博耶發現大腸桿菌可以製造出一種能夠切割 DNA 的酶，科恩則發現了在質粒的作用下，一個細菌能夠把抗原性傳給另外一個細菌。

科恩和博耶對對方的研究都非常感興趣，相約晚飯時詳細討論。在當天的晚餐中，兩個人決定進行合作。科恩用博耶發現的酶切開一種有抗藥性基因的質粒，然後插入另外一種抗藥性基因，再把這個質粒修復好，將之放進細菌中，發現這種細菌能夠同時耐受兩種抗生素。就這樣，一種被稱為 DNA 重組或者叫遺傳工程的技術誕生了。科學家可以將任何的基因放進質粒，然後感染細菌，通過抗藥性來篩選帶有重組質粒的細菌，這種細菌就能夠成為生物工廠，提供大量的合成蛋白，使得生物產品不再需要使用動物或者人的細胞來生產。

這個消息被風險投資家羅伯特·史旺森 (Robert A. Swanson) 得知了，他和博耶相約在舊金山的一個酒吧見面。二十九歲的史旺森和四十歲的博耶一邊喝著啤酒，一邊在紙巾上寫著計畫，基因科技公司就這樣誕生了。一九八〇年基因科技公司的股票在華爾街上市，吸金三千八百萬美元，博耶成為《時代》(*Time*) 周刊的封面人物。基因科技公司的第一個產品是人造胰島素。這一領域後來年產值達到四百億美元，美國食品和藥品管理局為這一領域一共頒發了四百多份許可證。

默克公司馬上將之用在新B型肝炎疫苗的研製上，用細菌生產出的合成澳大利亞抗原在動物中不能產生抗體，後來改在酵母中生產，這樣生產出來的澳大利亞抗原能夠在動物和人身上刺激出抗體。這種合成疫苗於一九八六年上市，一直使用到今天。

一九八三年，希勒曼和克魯曼因為研製B型肝炎疫苗而獲得拉斯克獎，博耶和科恩也都獲得了拉斯克獎。

B型肝炎疫苗的出現，使得美國兒童和少年的B型肝炎感染率降低了百分之九十五。在其他國家和地區也取得了巨大的效果。在臺灣，B型肝炎疫苗將肝癌的發病率降低了百分之九十九。在中國，B型肝炎疫苗使得兒童的B型肝炎感染率在十年內從百分之十五下降到百分之一。

反應停

細菌學發展起來後，除了不斷地發現和分離出各種致病菌外，預防細菌感染的研究也漸漸發展。

在這方面的第一個突破是巴斯德手下最主要的助手魯克斯，和被他用狂犬病疫苗救活，後來發現鼠疫桿菌的耶爾森的成果，他們倆分離出白喉桿菌。白喉在當時是一種常見的致命性疾病，在美國每年有二十萬人感染，其中大多數是青少年，造成一萬五千人死亡。魯克斯和耶爾森研究發現是白喉桿菌產生的毒素而不是白喉桿菌導致病人死亡。

在這個基礎上，德國科學家埃米爾．馮．貝林在保羅．埃爾利希的幫助下，發現接種了白喉毒素的動物會產生抗體也就是抗毒素，這種抗毒素能夠預防白喉。這是第一種預防細菌感染的方法，其後幾十年，各種抗毒素紛紛問世，成為預防細菌感染的主要方法。馮．貝林因為這個成果獲得第一屆諾貝爾生理學和醫學獎。如果按今天的標準，魯克斯、耶爾森、埃爾利希，甚至和馮．貝林一起研究破傷風抗毒素的北里柴三郎，都有資格和馮．貝林一起分享諾貝爾獎，尤其是和馮．貝林一道做出白喉抗血清的埃爾利希，但馮．貝林獨佔了研究成果，好在埃爾利希後來憑免疫學方面的成就也獲得了諾貝爾獎。

又過了二十多年，法國科學家加斯頓．雷蒙發現經過福馬林滅活的抗毒素能夠使人體獲得對白喉的終身免疫，因此做出了白喉疫苗，之後按同樣的辦法研製出破傷風疫苗和百日咳疫苗。這三種疫苗使得美國每年死於白喉的人數從一萬五千人下降到五人，死於破傷風的人數從五百人下降到十五人，死於百日咳的人數從八千人下降到十人。

之後，美國各藥廠大肆生產這種用化合物滅活的疫苗，先將細菌大量生產後，用化合物進行滅活處理，然後把死細菌做成藥片出售。這種疫苗被稱為菌苗，有預防鏈球菌咽喉感染的，有預防粉刺、淋病、皮膚感染的，還有預防肺炎、腦膜炎、猩紅熱的，甚至還有預防腸道感染的。對於消費者來說，這些菌苗到處都能買到。對於廠家來說，這些菌苗生產起來很容易而且利潤很高。這些菌苗有一個共同點，就是根本無效。但當時美國政府對菌苗的生產和銷售沒有任何規定和控制，藥廠也無須證明自己生產的菌苗是真正有效的。

一九五四年，西德格倫南蘇公司將瑞士汽巴嘉基（Ciba-Geigy）藥廠合成的一種化學物加熱，生產出抗生素來，但發現這種東西不能殺菌。他們又將這種東西給動物注射，希望能夠發現抗癌效果，結果還是無效。最後在一個小範圍的試驗中發現這種藥能夠讓病人一睡到天亮。一九五七年十月一日，格倫南蘇公司登出廣告，聲稱這種藥有促進睡眠的作用，非常安全，而且能夠緩解懷孕早期的反應。對於最後一點，格倫南蘇公司根本就沒有做過臨床檢測。這種藥被稱為「沙利度胺」，中文的名字是「反應停」。

「反應停」問世後，在歐美和亞洲大受歡迎。但從一九六〇年開始，出現了很多四肢畸形的嬰兒，被證明和母親服用「反應停」有關。一共有二萬四千名胎兒受「反應停」所害，其中半數在出生前死亡。這起重大的藥物副作用事件導致一九六二年美國進一步修改了食品、藥品和化妝品法案，要求藥廠在藥物上市之前要證明它的有效性。此後，那些菌苗退出了市場，剩下的都是真正的細菌疫苗了。

在各種細菌感染中，科學家們最希望能研製成功的是肺炎疫苗。第一個研製出肺炎疫苗的是成功研製出傷寒疫苗的奧姆羅斯·賴特。賴特按照同樣的辦法，選擇了一株肺炎桿菌，用化合物滅活後，於一九一一年開始給五萬名南非金礦的礦工接種。一九一四年賴特發表文章宣稱他的疫苗能夠減少肺炎的發病率和死亡率。一年之後，其他科學家發現賴特的說法不正確，他的疫苗無效。

早在一九一〇年，德國科學家就發現有兩種肺炎桿菌，並且互相之間不能提供免疫保護。一九一三年，英國科學家在南非發現四種不同的肺炎桿菌，二十年後，發現的肺炎桿菌的種類達到三十種，到二戰結束後達到四十種，現在發現的肺炎桿菌的種類起碼有九十種。賴特那種只用一種肺炎桿菌製備疫苗的辦法當然不可能有效了。

二十世紀上半葉，對肺炎桿菌的研究取得了幾項重要突破，發現了其多醣體莢膜，將多醣體給動物和人接種，可以預防肺炎桿菌性肺炎。在這個基礎上，紐約大學的科林·麥克勞德 (Colin MacLeod) 選擇了四種肺炎桿菌，將它們的多醣體製成疫苗，在二戰期間，他在一萬七千名新兵中進行了臨床試驗，發現在一場肺炎桿菌性肺炎流行中，這種疫苗是有效的。這是第一個有效的肺炎疫苗，施貴寶公司在這個疫苗的基礎上進行了改進，選用了六種肺炎桿菌，並於二十世紀四〇年代末期生產出肺炎疫苗。

但是，沒有人買這種疫苗。

肺炎疫苗

磺胺問世後，舉世對於傳染病的態度從疫苗轉移到藥物上了，認為有了這種魔藥，就可以一勞永逸，全面地解決細菌感染的問題，用不著費勁地一個細菌一個細菌做疫苗。磺胺之後是青黴素，人們認為進入抗生素時代後，肺炎很快就會被藥物征服，因此施貴寶公司的肺炎疫苗這種不合時宜的東西根本無人問津，施貴寶公司這筆投資打了水漂，只好停產了事。

在那個時代，如果誰還想研究肺炎桿菌，會被認為落伍到了老古董、死腦筋的地步，細菌學家都一窩蜂地去研究抗生素。這種死腦筋還真有一個，就是麥克勞德的學生羅伯特·奧斯特恩。奧斯特恩出身醫學世家，本人出自約翰霍普金斯大學，特意到紐約投奔麥克勞德做細菌學家。

他在肯斯郡醫院建立了實驗室，發現每年仍有四百人因為肺炎桿菌性肺炎入院，說明儘管有了磺胺和抗生素，細菌性肺炎還存在著。他的同事們認為這是因為醫院位於有很多窮人的紐約布魯克林。奧斯特恩從國家衛生研究院拿到資助，對全美各城市的醫院進行調查，發現其他城市和肯斯郡醫院的情況一樣，證明了細菌性肺炎並沒有減少。

這樣的研究一共進行了十年，奧斯特恩對大量的資料進行分析。他將資料分成三組，用抗生素治療過的、用抗血清治療過的和沒治療過的，發現前兩組確實能夠挽救病人的生命，但對於重症病人則無效，對於那些得病後五天內死亡的病例，用藥和不用藥沒有任何區別。奧斯特恩用事實道出了一個不可迴避的現實：對於重症肺炎，必須走預防為主的道路。

一九七〇年，已經是賓州大學教授的奧斯特恩產生了繼承老師麥克勞德事業的念頭。他找到學校管理部門，詢問自己能不能做肺炎疫苗，校方的回答是只要你自己能籌到錢，隨便你做什麼。奧斯特恩從國家衛生研究院申請到了基金，先找到常見的十三種致病肺炎桿菌，把它們的莢膜提取出來，做成疫苗，然後說服禮來公司（Eli Lilly and Company），將之生產出幾千份。

下一步要找臨床試驗的地方，他選中了賴特試驗肺炎疫苗的地方——肺炎多發的南非金礦。給南非最大的三家金礦的醫療負責人打了電話之後，奧斯特恩和妻子於一九七〇年九月六日搭飛機前往南非，一下飛機嚇了一跳，機場如臨大敵，這才知道出大事了。就在同一天，巴勒斯坦恐怖份子一口氣劫持了四架飛往紐約的班機。

經過一番波折，奧斯特恩的疫苗終於開始在南非最古老和最深的金礦進行臨床試驗，這裡的肺炎流行情況和賴特在六十多年前看到的相比，沒有什麼變化。奧斯特恩決定用新來的礦工當試驗者，因為這些人還沒有接觸到流行在礦山中的肺炎桿菌。但是礦山當局和礦工們並不情願接種肺炎疫苗，奧斯特恩只好用腦膜炎疫苗作為誘餌。對於礦山當局來說，礦工得了肺炎，出錢給他們治病就是了，但如果得了腦膜炎則會死亡，這樣就會造成恐慌，影響礦山的工作環境。就這樣，奧斯特恩把礦工分成三組，接種腦膜炎疫苗的、接種肺炎疫苗的和對照組。

試驗的結果很成功，肺炎疫苗使得接種者的肺炎發病率減少了百分之八十。奧斯特恩希望禮來公司能大規模生產這種疫苗，但禮來公司已經決定不再涉足疫苗生產，其他公司對奧斯特恩的疫苗也沒有興趣。眼看這種疫苗的下場還不如麥克勞德的疫苗，希勒曼站了出來，他說服了默克公司。一九七七年，默克公司的第一代肺炎疫苗上市，這是用十四種多醣體製備的。一九八三年，默克公司的第二代肺炎疫苗上市，多醣體增加到二十三個，這是最複雜的疫苗。美國疾病控制與預防中心建議六十五歲以上的人群接種這種肺炎疫苗，以減少老年人死於肺炎的可能性。但肺炎疫苗並沒有被廣泛使用，全球每年還有兩百萬人死於肺炎桿菌感染。

希勒曼和默克公司研製成功的另外一種細菌疫苗是B型流感嗜血桿菌疫苗(Hib)，這種疫苗經常和流感疫苗混淆。這種桿菌能夠導致嚴重的腦膜炎、肺炎、血液感染等，兒童常常因為感染了這種桿菌而死亡。

奧斯特恩製備疫苗的方法有一個缺陷，就是多醣體對嬰兒無效，因為嬰兒的免疫系統還沒有發育完全，不能被多醣體刺激出抗體來。尤其是在B型流感嗜血桿菌感染上，病人有不少是嬰兒，希勒曼只能用其他辦法。二十世紀七〇年代末期，科學家將多醣體和一個蛋白連在一起，可以在嬰兒身上刺激出抗體，使得默克和其他公司能研製出B型流感嗜血桿菌疫苗。到二十世紀末期，美國兒童B型流感嗜血桿菌的感染率降低了百分之九十九。

疫苗的未來

二十世紀下半葉是疫苗的時代，從脊髓灰質炎疫苗開始，多種疫苗相繼問世並進行廣泛的人群接種，各國也制定了各種疫苗接種計畫，從出生後開始進行階段免疫，以預防一些嚴重的傳染病。這種努力大大地降低了傳染病的發生率和死亡率，尤其是嬰幼兒的死亡率，使得人均壽命大大地提高。

二〇〇六年，人類乳突病毒（Human Papillomavirus,HPV）疫苗研製成功，這種疫苗可以預防子宮頸癌，每年死於子宮頸癌的婦女有三十萬。這種疫苗是繼B型肝炎疫苗之後的第二種腫瘤疫苗。二〇〇〇年，新型肺炎疫苗上市，使得兒童肺炎和血液感染下降了百分之七十五。二〇〇六年，輪狀病毒疫苗問世。這種病毒每年在全球殺死六十萬兒童。這些新疫苗都是採取基因工程的辦法研製出來的，比以前的疫苗更為安全和有效。

一九七四年，世界衛生組織開展全球免疫行動，使得發展中國家的疫苗接種率從百分之五上升到百分之四十，其中最成功的是因麻疹死亡的人數從每年八百萬下降到不足五十萬。

目前美國的計畫免疫包括十二種疫苗，其中兩種是三合一疫苗，白喉/百日咳/破傷風疫苗和麻疹/腮腺炎/風疹疫苗，其餘十種疫苗是A型肝炎疫苗、B型肝炎疫苗、B型流感嗜血桿菌疫苗、肺炎疫苗、腦膜炎疫苗、流感疫苗、水痘疫苗、脊髓灰質炎疫苗、人類乳突病毒疫苗和輪狀病毒疫苗。中國的計畫免疫中不包括B型流感嗜血桿菌疫苗、流感疫苗、水痘疫苗、肺炎疫苗、人類乳突病毒疫苗和輪狀病毒疫苗，但多了結核疫苗和日本腦膜炎疫苗。

在美國計畫免疫的十二種疫苗中，希勒曼研製出了七種之多，即麻疹和腮腺炎疫苗、A型肝炎疫苗、B型肝炎疫苗、水痘疫苗、腦膜炎疫苗、肺炎疫苗和B型流感嗜血桿菌疫苗，他是歷史上最成功的疫苗學家，被認為是歷史上救人最多的科學家。

但是，和沙克、沙賓等疫苗專家一樣，希勒曼雖然獲得諸多獎項，但始終和諾貝爾獎無緣。希勒曼認為B型肝炎疫苗是自己平生最大的成就，但澳大利亞抗原並不是他發現的，而且布隆伯格已經憑著這項發現獲得了諾貝爾獎。希勒曼稱得上單獨發現的是 SV40 病毒，但這種病毒始終沒有被證明能夠在人類中致病。能夠被諾貝爾獎認可的是干擾素的純化和應用。

二〇〇四年，希勒曼已經垂垂老矣，他的一些朋友知道他來日無多，便用希勒曼在干擾素上的成果努力遊說諾貝爾獎委員會，希望能為他爭取到這最後的機會，但諾貝爾獎委員會的一位關鍵人物指出，諾貝爾醫學獎不應該給予一個一直在公司任職的人。希勒曼雖然是賓州大學的終身教授，但那是榮譽性質的。幾個月後希勒曼去世。

用疫苗對抗微生物，這條路從琴納開始，人類走得非常辛苦，而且前途越來越不明朗。疫苗是人類掌握的第一個對抗微生物傳染病的手段，但人類一度把希望寄託在藥物上，其原因就是致病微生物太多，疫苗雖然是終極手段，但一來不知道哪年哪月能完成，二來疫苗稍微多了一點兒之後，就有麻煩了。

半個世紀之前，能夠供人們接種的疫苗只有四個，天花疫苗、破傷風疫苗、百日咳疫苗和白喉疫苗，在美國，四種疫苗加起來的價格不到二美元，人們自己出錢，大約有百分之四十的兒童接種了這些疫苗。二十年後，疫苗變成七個，天花疫苗不用接種了，新出現了脊髓灰質炎疫苗、麻疹疫苗、腮腺炎疫苗和風疹疫苗，加起來價格不到五十美元，還是自己出錢，接種率達到百分之七十。再過二十年，有了十種病毒的疫苗，總價格上百了，超過了一些人的承受能力，但因政府的介入，加上保險公司支付，使得接種率仍達到百分之九十。今天共有十六種病毒的疫苗，價格加起來上千，聯邦政府和保險公司為此每年支出三十億美元，雖然聽起來很多，但只占美國每年健康總支出的千分之一。

從這些數字上能夠看出預防為主的意義，保險公司之所以心甘情願地給投保人出錢接種疫苗，是因為這是一筆小錢，接種疫苗後就不會得有關傳染病，否則即便只有百分之幾的人得病，治療費用也會遠遠地超過疫苗的費用。

但是，這是不是說我們就這樣繼續下去，每出一個新的有效的疫苗就要列到計畫免疫的名單之中呢？

現在化學物質的污染很嚴重，評價污染通常都是一個化學物質一個化學物質地進行毒性試驗，很少將兩種以上的化學物質一起試驗，有關多種化學物質污染的試驗結果表明化學污染並不是一加一等於二，而是一加一等於一千。兩種化學污染物都存在的話，毒性會增加上千倍。疫苗對人類也是異物，一種疫苗是安全的，但我們現在要接種十種以上的疫苗，這些疫苗同時存在，其安全性到底怎麼樣？疫苗的安全性要靠長期觀察，疫苗發揮的是一種生化和免疫作用，因此其安全性就不僅僅是有沒有毒性那麼簡單，還有間接性的、長期的損害等方面的考慮。

矛頭所指

反疫苗的勢力從琴納的時代起就一直存在著，直到現在，還有人認為天花疫苗是人類的一個悲劇，是今天世界上饑荒的根源，人們沒有死於天花，卻死於飢餓。是不是天花疫苗導致自然調節的失衡？

疫苗越來越多，在實際應用上也有問題，不僅品種繁多，很多疫苗還要接種幾次，對於大規模人群接種來說，頻繁地接種越來越不現實，可是為了預防傳染病，又應該接種這些疫苗。為了解決這個問題，科學家想出一個主意，把幾種疫苗放在一起，研製出三合一疫苗來，這樣一次接種就相當於三次接種。這種三合一疫苗有兩種，一種是 DTP(白喉／百日咳／破傷風)，另外一種是 MMR(麻疹／腮腺炎／風疹)。其後陸續出現了其他聯合疫苗，但並沒有徹底替代單一疫苗。製備聯合疫苗是解決疫苗品種越來越多的一個好辦法，但沒有想到反而出現了很多事故。

一九七二年，美國政府的生物安全處從國家衛生研究院併入食品和藥品管理局，編制兩百六十人，預算六百萬美元。國會就流感疫苗舉行了為期五天的聽證會，結論是美國市場上出售的流感疫苗比無效好不了多少，責任在白宮和五角大廈，因為他們只保證了軍隊的流感疫苗供應。另外一個問題是對疫苗缺乏管理，七十五種無效甚至有毒的生物產品的許可證還沒有被吊銷。

一九七六年的豬流感疫苗事件充分暴露了美國疫苗安全的問題。卡特政府上臺後，大力推行全國免疫接種計畫，卻忽視了疫苗的安全性。疫苗的安全問題只能靠打官司解決，而且受害人很難打贏。

一九四七年，兒童用白喉/破傷風聯合類毒素獲得許可，一九四九年，加上了百日咳。一九五三年成人用白喉/破傷風聯合類毒素獲得許可。這個疫苗的問題在百日咳上。

百日咳是一種由細菌感染造成的上呼吸道疾病，細菌釋放的毒素對呼吸道產生長期的作用，最長的達到三個月，所以叫百日咳。從一九二二年到一九三一年，美國共有一百七十萬例百日咳病例，導致七萬三千人死亡，以兒童為主。一九〇六年致病菌被分離成功，從一九一四年到一九三一年，很多種百日咳疫苗問世，但無一有效。

一九三九年，密西根州衛生局的兩位女科學家採取對活細菌進行苯酚滅活的辦法製備出百日咳疫苗，在四千兩百一十二名兒童中進行試驗，對照組出現三百四十八例，接種疫苗組只有五十二，之後便開始 **DTP** 疫苗的研製。

因為使用帶菌的活細胞，無論怎樣滅活，百日咳疫苗的安全始終是一個問題，而且這種百日咳疫苗成本很低，只有五美分一劑，各藥廠也沒有意願研製新一代疫苗。於是百日咳疫苗的安全問題一直不斷出現，一九六二年，默克公司因為擔心官司而停產這種疫苗。同一年禮來公司研製出非細胞疫苗，十年後佔據了百分之二十到百分之五十的市場，其他公司紛紛開始研製非細胞疫苗，使得 DPT 疫苗的安全性大大地改善。

對於 MMR 疫苗來說，則是另外一番景象了。

二十世紀六〇年代末，莫里斯．希勒曼開始將自己研製的麻疹和腮腺炎疫苗，加上風疹疫苗合併在一起。做這種疫苗並不是簡單地把三種疫苗合在一起，而是要認真檢測三種疫苗的用量，確保對三種病毒感染都有效，而且安全。一九七一年，默克公司將希勒曼的 MMR 疫苗在美國上市，一九八八年在英國上市。

十年之後，一九九八年二月，倫敦的皇家自由醫院召開新聞發佈會，宣佈一項即將在著名的《柳葉刀》雜誌上發表的研究成果。會議室裡擠滿了記者，五名醫生包括醫學院院長到場，站在中間的是文章的主要作者安德魯．威克菲爾德。

威克菲爾德宣佈，八名英國兒童在接種 MMR 疫苗後出現自閉症和腸道問題，因此他認為 MMR 疫苗中的麻疹疫苗損傷了腸道，使得孩子們腹痛和腹瀉。因為腸道不再能夠提供應有的保護，結果有害蛋白進入孩子們的血液，到腦部後導致了自閉症。

自閉症的兒童有嚴重的社交問題，這個病在二十世紀八〇年代開始廣為人知。病人在一歲到兩歲之間出現自閉症症狀，而 MMR 疫苗正是在一歲生日之後接種的。英國當時百分之九十的兒童都接種了 MMR 疫苗，這一下自閉症兒童的家長們氣炸了。

威克菲爾德的研究非常粗糙。他並沒有證據證明有害蛋白究竟是什麼，也沒有解釋為什麼在手臂接種的麻疹疫苗能夠損害腸道，也沒有解釋為什麼麻疹疫苗單獨接種就沒有問題，偏偏在 MMR 疫苗中就有問題，最關鍵的是他沒有比較接種 MMR 的兒童和沒有接種 MMR 的兒童自閉症發病率的區別。他的研究是一種媒體喜聞樂見的陰謀論的研究，這個陰謀論指向了疫苗業的巨人莫里斯·希勒曼。

威克菲爾德的結果聽起來很有道理，得自閉症的兒童都是幾個月前剛接種過 MMR 疫苗的，問題是不得自閉症的兒童也是幾個月前剛接種了 MMR 疫苗的，這是計畫免疫，大家都接種了。有一個很好的例子說明了這一點，在費城，有一位護士正要給一個四個月大的嬰兒接種疫苗，孩子突然犯了癲癇，因為孩子有癲癇的家族史。如果這個孩子晚幾分鐘犯病，護士已經接種了疫苗，家長和其他人就會認為是疫苗引起了癲癇。

真相

《柳葉刀》是一本非常嚴肅的科學雜誌，因此威克菲爾德在文章中承認他沒有證明自己的假說，沒有找到麻疹疫苗、腮腺炎疫苗和風疹疫苗與自閉症症狀之間的聯繫。但是在新聞發佈會上，威克菲爾德沒有提到這一點，而是認為這三種疫苗不應該一起接種，而應該像以前那樣分開接種。

在此之前，英國剛剛發生狂牛病風波，威克菲爾德在新聞發佈會上把矛頭指向英國的衛生官員，認為他們寧願讓一小部分兒童得自閉症，也要保證所有的兒童不得傳染病，也就是群體暴力般地犧牲了這些自閉症兒童的利益。這一下，英國的媒體炸開鍋了，自閉症兒童的家長恍然大悟，原來不是自己的孩子有問題，都是讓疫苗害的。以至於首相布萊爾（Anthony Charles Lynton Blair）都不敢說自己的兒子是否接種過 MMR 疫苗，推辭說這是隱私。

很多還沒有接種 MMR 疫苗的兒童的家長拒絕接種這種疫苗，在新聞發佈會後的幾個月內，十萬名家長選擇不給自己的孩子接種，結果導致英國和愛爾蘭的麻疹大爆發。那些因為沒有接種 MMR 疫苗而得了麻疹的孩子們的家長這才意識到疫苗的重要性，但已經太晚了。

威克菲爾德的研究在美國也引起了巨大的反響。二〇〇〇年四月十二日，國會政府改革委員會主席丹・波頓宣佈對疫苗安全進行調查，得到了反疫苗運動者的大力支持。威克菲爾德在聽證會上介紹了接種 MMR 疫苗後出現自閉症症狀的情況，愛爾蘭病毒學家約翰・奧瑞林作證在兒童的腸道中發現麻疹病毒蛋白。波頓覺得應該能做出結論了。

但是，其他人不這樣認為。其他科學家無法重複出奧瑞林的結果，一些人乾脆認為他的結果是編的。和威克菲爾德在同一所醫院工作的流行病學家布蘭特・泰勒作證指出接種了 MMR 疫苗的兒童的自閉症發病率和沒有接種 MMR 疫苗的兒童的自閉症發病率沒有區別。

聽到這裡，波頓覺得不對勁了，拿起反疫苗組織給他的一份材料，裡面說疫苗專家們常常在統計上耍花招，便自作聰明地問了泰勒一個問題：你是不是排除了一部分自閉症病例？

泰勒回答：沒有，所有的病例都進行了統計。

波頓啞口無言，這才想起來他事先根本沒有讀過威克菲爾德和泰勒的報告。

他的政治對手不會放過這個機會的，委員會中的民主黨議員亨利・韋克斯曼指出本次聽證會有問題，關鍵在於主席先生有先入為主的看法。建議不要再聽證了，由國會來判定科學的真相是不正確的，應該經過科學化的程序來做出結論。

除了波頓外，還有其他議員對此感興趣，美國的媒體更是鍾愛這個話題。各大媒體很快得出結論——MMR 疫苗導致自閉症。

所謂千夫所指，其人必死。MMR 疫苗成了過街老鼠，希勒曼的一世英名就要毀於一旦了。

威克菲爾德的一塊石頭激起了千層浪，美國、英國、丹麥、芬蘭和其他國家的科學家、流行病學家和衛生部門在其後的幾年中進行了大規模的疫苗與自閉症相關性的研究，一共有十四組科學家調查了六十萬名兒童，他們的結果是一致的：接種 MMR 疫苗與否和自閉症的發病率沒有關係，也就是說自閉症不是 MMR 疫苗造成的。不接種 MMR 疫苗並不能降低得自閉症的可能性，反而增加了得麻疹、腮腺炎和風疹的危險性，這甚至是致命的危險。威克菲爾德的假設被完全否定了。

二〇〇四年二月，倫敦的一位記者布萊恩·迪亞發現威克菲爾德在《柳葉刀》上發表的文章有幾處疑點。其中最重要的一點是關於這項研究的資助者。在文章中，威克菲爾德說這項研究是由皇家自由漢普斯德特信託基金會的一些特殊信託人和兒童醫學基金會資助的，但是他沒有列出這項研究最大的資助者。這名大金主是一名律師，叫羅伯特·伯爾，出了五萬五千英鎊。

一名律師為什麼這麼熱衷科學研究？

因為威克菲爾德研究的八名自閉症兒童中的五名是伯爾的顧客，他正在為這五名兒童的父母打官司，希望能拿到賠償，如果威克菲爾德能夠證明 MMR 疫苗和自閉症有關的話，這些父母就能起訴藥廠。威克菲爾德並沒有將這件事告訴自己的同事和柳葉刀的編輯。

另外一個類似的疑點是威克菲爾德聲稱這些兒童的自閉症都是在入院的時候被他發現的，但其實是伯爾告訴他的。然後威克菲爾德從孩子的父母們那裡拿到孩子的病史，放到他的研究報告中去。他的文章發表後，幾百個有自閉症兒童的家庭在倫敦對藥廠提出訴訟，其中很多是伯爾的顧客。

還有一點，威克菲爾德聲稱這項研究得到道德委員會的批准，可是道德委員會根本就沒有批准。後來威克菲爾德告訴道德委員會，無論孩子有沒有自閉症，他都進行了各種實驗，實際上他只對有自閉症的兒童進行了實驗，以用於打官司。

在一次記者招待會上，媒體就此質問威克菲爾德，威克菲爾德承認伯爾出了錢，而且沒有告訴柳葉刀這個研究背後的利益關係。

柳葉刀雜誌社得知後非常震驚，認為如果事先知道這個消息的話，這篇文章是不會被刊發的。這篇文章的其他作者也表示憤慨，二〇〇四年九月，十三名合作者中的十名聯名在《柳葉刀》上聲明撤銷對威克菲爾德的支持，表示 MMR 疫苗和自閉症沒有關係。

最後，皇家自由醫院開除了威克菲爾德。英國醫學總會對他提出控告，最後吊銷了他的行醫執照。威克菲爾德逃到了美國，先在佛羅里達工作，後來到了德州，經常發表講演，強調疫苗的危險性。許多孩子因為他的研究而沒有接種 MMR 疫苗，從而得了痲疹，甚至因此而死亡。

但是，這個科學驗證的結果並沒有被喜歡陰謀論的媒體報導，加上反疫苗組織的挑唆，威克菲爾德在很多人眼中成了英雄，標榜他一個人和搞陰謀的政府和科學界做鬥爭。疫苗導致自閉症的說法也因此還很有市場，還有不少人因為害怕自閉症而拒絕給自己的孩子接種 MMR。

另外一個突破點

不過對於反疫苗運動者來說，威克菲爾德的假設已經用不上了，必須找另外的理論和證據。既然威克菲爾德使得自閉症成為疫苗安全的熱點，他們就繼續在自閉症上下功夫。很快他們找到了另外一個突破口，還是和希勒曼有關，內容是硫汞撒，這是一些疫苗中使用的保護劑。從名字就知道，這東西含有汞。汞是金屬污染的主角，疫苗裡面有汞這還了得，自閉症就是這麼得的！

硫汞撒是二十世紀三〇年代時加到疫苗中去的。在此之前，疫苗都是大批量包裝的，通常十份包裝在一起，這樣可以大大地降低成本。醫生將疫苗儲存在辦公室的冰箱裡，使用的時候用注射器吸出一份的量，接種在接種者的胳膊上。這樣做有一個問題：在很多情況下醫生或者護士沒有做好無菌的準備，導致疫苗被污染了，等到第八位、第九位或者第十位接種者接種的時候，就有可能導致接種部位出現細菌感染，嚴重者甚至會死亡。在美國，二十世紀前二十年，因為這種情況而死亡的兒童有六十個。

當時，科學家發現當有少量汞存在時，細菌的生長會受到抑制。同時也瞭解到大量的甲基汞對腦部有永久損害，少量則沒有影響。但為了安全起見，藥廠使用了環境中不存在的乙基汞，因為這種汞比甲基汞能更快地被身體排泄出去，幾十年前常用的局部殺菌劑紅汞就是用這類汞做的。加入硫汞撒後，因為疫苗污染造成的細菌感染便徹底消失了。

這種做法延續了七十年，到一九九七年，因為要接種的疫苗越來越多，其中的汞加起來的量對於嬰兒來說到了值得重新考慮的程度，於是國會通過了美國食品和藥品管理局現代化法案，要求食品和藥品管理局羅列藥品和食品中的汞含量並對其進行品質分析，其中包括疫苗。

美國食品和藥品管理局分析的結果是新生兒可以承受一百八十七·五毫克的汞。這樣的結論政府部門也不敢貿然相信，便立刻查找聯邦政府關於乙基汞的安全標準，但聯邦政府只有甲基汞的安全標準。於是政府部門只能借用甲基汞的安全標準，反正乙基汞比甲基汞更容易被身體清除。可是管安全標準的部門有三家，食品和藥品管理局、國家環境保護局(EPA)和毒物及疾病管理局(ATSDR)。他們拿著食品和藥品管理局分析出的一百八十七．五毫克標準去比較，發現疫苗中的汞含量加起來在食品和藥品管理局和毒物及疾病管理局的安全標準範圍內，但超出國家環境保護局的安全標準兩倍。再去問美國兒科協會和聯邦公共衛生局，對方一聽食品和藥品管理局的標準超出國家環境保護局安全標準兩倍了，都覺得不可思議。這兩家機構於一九九九年十月發佈聲明，從維持公眾對免疫的信心的角度，要求儘快將硫汞撒從疫苗中去掉。當然同時聲明這樣建議不是因為硫汞撒有害，而是為了疫苗更安全。

對於兩家機構的要求，藥廠沒有什麼異議，很快將硫汞撒從疫苗中去掉，因為此時已經有了更好的防止細菌生長的辦法。

政府和藥廠這樣做是為了防患於未然，雷厲風行，也幹得很不錯，可是在一些人眼裡，這不是此地無銀三百兩嗎？如果硫汞撒一點兒問題都沒有，為什麼從政府到藥廠這麼齊心協力地要將之從疫苗裡去掉，這裡面肯定有鬼。

因為認為政府和藥廠有陰謀，有些人並不會輕易相信政府的聲明，而且慢慢地建立聯合陣線，幾股很有能力的勢力因這件事而聯合起來。

自閉症兒童的家長更是懷疑這和自閉症有關係，如果自閉症是汞造成的，那麼採取化學手段把身體中的汞排除掉，就有可能治好自閉症。

那些蒼蠅般的律師也圍了上來，認為這是賺大錢的好機會。如果能夠證明是疫苗中的汞導致了自閉症，而且藥廠明知疫苗中的汞含量超過聯邦安全標準的話，那麼每年被診斷出的上萬名自閉症兒童，都可以把賬算在疫苗接種的頭上，這樣一來打官司贏來的錢是要以十億美元來計算的，這筆錢律師起碼拿一半，他們夢裡想起來都會笑出聲。

媒體也很興奮。為了收視率，媒體最喜歡這種陰謀論的話題，要是當和諧社會的應聲蟲的話，就沒有什麼人願意看了。硫汞撒與自閉症要真的是一個大陰謀的話，能賣多少報紙和廣告呀！

還有一股勢力是政治家們。在美國當政治家要有反骨，敢於和政府對著幹才能快速出道，起碼能夠多上鏡亮相，而且這件事幹起來沒有什麼風險，硫汞撒已經不在疫苗裡面了，政治家要幹的就是呼籲嚴禁在疫苗裡加汞而已。

甘迺迪家族的小羅伯特·甘迺迪在一幫律師的支持下寫文章指責藥廠、醫生和公共衛生官員一起隱瞞真相。當時的加州州長阿諾·史瓦辛格成為第一個禁止帶硫汞撒的疫苗在本州銷售的州長，由於當時不含硫汞撒的流感疫苗數量不夠，導致加州鬧起了流感疫苗荒。

此時作家也沒閒著，一本關於硫汞撒和自閉症關係的書成了暢銷書，使得硫汞撒導致自閉症的說法深入人心。這樣一來律師們開始動手了，多達三百五十件訴訟出現在聯邦和州法庭，總賠償金額超過十億美元，藥廠為此已經花了數億美元的律師費，這些錢最終要成為藥品費用，轉嫁到消費者身上。

基於這個理論，醫生們開始使用能夠和汞結合的化合物，希望能夠治療自閉症。二〇〇五年四月三日，一名五歲的小男孩在醫生那裡接受了汞結合劑乙二胺四乙酸的治療後出現心臟病症狀而死亡。每年有上萬名自閉症兒童接受這種治療，這種療法從來沒有被證明是有效的，也沒有被食品和藥品管理局批准。

艱難

希勒曼又一次受到牽連，華府的一位律師公佈了他拿到的二十世紀九〇年代初希勒曼寫給默克公司疫苗主管戈登·道格拉斯的一份報告。在這份報告中，希勒曼提到疫苗中的汞含量太多了。律師們將此作為證據來證明藥廠已經知道有問題了。

然而，這份報告是希勒曼出於謹慎的考慮而做出的，他當時並不知道疫苗裡的汞是否有害，只是向上級提醒一下。之後，他做了進一步的分析和瞭解，認定這些汞是無害的。

自然界裡面的汞是由於火山爆發、燒煤或者水流沖刷岩石等以無機汞的形式釋放到環境中去的，在土壤中由細菌將之轉換成有機汞也就是甲基汞，甲基汞進入水源和食物鏈，遍佈人類所生活的環境，這是無法避免的。比如在母親的奶水裡就有甲基汞，新生兒在頭六個月會吸收三百六十毫克的甲基汞，要比從疫苗中接受的汞的量多一倍。這麼多的甲基汞都不足以造成損害，疫苗裡的乙基汞怎麼會有害，所以希勒曼認為疫苗中的硫汞撒是無害的。好心無好報，希勒曼非常後悔寫過這份報告。

關於硫汞撒和自閉症的關係還得靠流行病學資料來證明，最好的證據不外是比較接種含硫汞撒的疫苗與沒有接種含硫汞撒疫苗的兩組兒童之間自閉症發病率的區別。全球為此進行了五項研究，發現兩組兒童的自閉症發病率沒有區別，結論是硫汞撒不會引起自閉症。其中加拿大在一九八七年到一九九八年之間的研究最有說服力：一九八七年到一九九一年之間，嬰兒因為疫苗接種而接受了一百二十五毫克的硫汞撒，一九九二年到一九九五年，硫汞撒的量增加到兩百二十五毫克，一九九六年後疫苗裡不再含有硫汞撒。如果硫汞撒能夠引起自閉症的話，一九九二年到一九九五年之間出生的孩子的自閉症發病率會最高，可是流行病學調查發現，偏偏一九九五年後出生的孩子的自閉症發病率最高，這些孩子都沒有接種過含有硫汞撒的疫苗。丹麥的流行病學研究結果也證實了這一點，丹麥於一九九一年後不再使用硫汞撒，可是自閉症發病率反而越來越高。

對這種現象又應該怎麼解釋？這是因為醫學界對自閉症的診斷標準改變了，原來不算自閉症的都算了。從科學上講，硫汞撒不會導致自閉症，但所有的官司並沒有結束，也使得硫汞撒還是所謂的陰謀論的焦點之一。

疫苗接種如同衛生防疫工作一樣，有成績沒人看得到，出了差錯就滿城風雨。就拿脊髓灰質炎疫苗來說，在美國就要進入脊髓灰質炎大流行的時候，脊髓灰質炎疫苗成功地消滅了脊髓灰質炎，但沒有經過那個年代的人則認為這一切都是正常的，沒有意識到科學的力量。疫苗的安全性確實是一個嚴重的問題，但絕對沒有嚴重到否定疫苗的程度。再拿B型流感嗜血桿菌疫苗來說。在這種疫苗應用之前，每年全美有上萬名兒童得腦膜炎，其中很多人失明、失聰或者留下了智力缺陷，現在每年全美只有不到五十名兒童患病，這完全是疫苗的功勞。

疫苗的應用還要承受宗教界和保守組織的壓力，人類乳突病毒疫苗就是一個典型的例子。在美國，每年有大約一萬名婦女得子宮頸癌，導致四千人死亡。子宮頸癌和人類乳突病毒感染有直接的關係，因此如果能夠預防人類乳突病毒感染，就能夠預防子宮頸癌，從這個思路出發，人類乳突病毒疫苗研製成功。

人類乳突病毒是通過性交途徑傳播的，因此這種疫苗如果給成年婦女接種可能就太晚了，要保證萬無一失的話，必須在少女時代接種，正是這一點，引起了巨大的反響。在宗教人士和保守人士眼中，既然這種病毒是通過性交傳染的，那麼教育少女們潔身自好，成年人杜絕婚外性行為，就能夠不被人類乳突病毒感染，也就用不著打疫苗。對於教會和保守主義人士來說，這正是他們做人的宗旨，要靠道德而不是科學保護自己。而給少女們接種這種疫苗，甚至要求少男們也接種這種疫苗，在他們眼中是變相鼓勵他們性交。

疫苗的研製和生產面臨著的另外一個問題是藥廠不願意幹。一九五七年，全美有二十六家藥廠生產疫苗，到一九八〇年減少到十七家，現在只有五家，佔了百分之八十五的市場，而且其中還有只生產部分疫苗的廠家。如果這種情況發生在其他行業，有關部門就該考慮是不是要研究一下反壟斷法了，因為長此以往就會產生壟斷了。但美國有關部門對此毫不擔心，因為藥廠不生產疫苗不是因為競爭不過，而是自己不願意幹了。

疫苗裡面總收益最大的是肺炎疫苗，一年的收益有二十億美元，聽起來很多，但藥廠如果成功地開發了一種藥物，每年能夠賺七十億美元，最賺錢的是降低膽固醇的「LIPITOR」，一年賺一百三十億美元，超過全球疫苗生產的利潤總和。藥廠研製生產疫苗和研製生產藥物的支出是一樣的，幹嗎不去研製和生產藥物？從一九九八年以來，美國十六種推薦接種的疫苗中有十種短缺，導致一些兒童沒有疫苗接種。

當然生產疫苗也有其優勢，疫苗的用量很大，銷量有保障，而且專利失效後也不用擔心，因為很少有廠家能夠生產疫苗。一種新疫苗問世，每年利潤穩定在五億美元到十億美元之間，人類乳突病毒疫苗的年利潤超過二十億，因此使得一些藥廠還在繼續研製和生產疫苗。

未來不可預測

如果真的有一天，疫苗都沒有了，會是什麼情況？目前免疫接種的疫苗所針對的病毒和細菌中的大部分並沒有消失，之所以不再是嚴重的健康威脅，是因為絕大部分人都接種了疫苗，特別是兒童。一旦不接種疫苗了，就會出現傳染病大規模的流行，尤其在兒童之中。

首先是白喉，白喉疫苗之所以那麼匆匆上市，就是因為當年白喉是嬰幼兒死亡的一個主要原因，美國每年有八千名兒童死於白喉。對於病毒感染並沒有有效的藥物，如果不再接種白喉疫苗的話，每年會有上萬名兒童死於白喉。英國在二十世紀七〇年代白喉疫苗的接種率從百分之八十下降到百分之三十，導致十萬名兒童得了白喉，七十名兒童死亡。這還僅僅是幾年內，如果徹底不接種疫苗了，後果不堪設想。

另外一個是麻疹，美國的麻疹因為疫苗的接種而滅絕了，但在全球麻疹病例還很多。雖然一些國際組織正在進行全球消滅麻疹行動，但這並不是短時期內可以完成的。每年還有超過十萬人死於麻疹，感染者以千萬計，繼續進行麻疹疫苗的接種工作非常重要，否則就會使得麻疹死灰復燃，全球滅絕麻疹行動也就不可能成功。

美國有一些科學精英在疫苗接種上採取很自私的舉動，他們不讓自己的孩子接種疫苗，這樣做並不是因為不相信疫苗，而是出於安全性的考慮。對於整個人群來說，並不一定要每個人都接種疫苗，只要疫苗的接種率達到一定程度，比如百分之九十以上，傳染病就會因為沒有足夠的無相應免疫力的對象而無法傳播。這些精英的做法是基於其他人都接種了疫苗，他們的孩子雖然不接種，也能夠獲得保護的考慮。但是這樣一來，就留下了隱患，這些兒童是傳染病的易感人群，這麼想的人如果多起來，加上那些因為其他原因而反疫苗的人，整個社會的安全性就會受到影響。

腮腺炎病毒、風疹病毒等傳染病病原也在環境中存在，一旦人群疫苗接種率下降，就會成為嚴重的健康威脅。因為對 MMR 疫苗有疑問，英國的 MMR 疫苗接種率不足，導致二〇〇六年腮腺炎流行，多達七萬人生病。這次流行也波及了美國，在中西部州造成四千例腮腺炎，大約三十人出現癲癇、腦膜炎和失聰症狀。

現在脊髓灰質炎病例已經見不到了，但只要接種停止十年，脊髓灰質炎就會捲土重來。一九七八年和一九九二年，荷蘭的一個拒絕接種脊髓灰質炎疫苗的教派的教民中兩次爆發脊髓灰質炎流行，導致數名兒童殘疾。幸好周圍社區的兒童脊髓灰質炎疫苗接種率達到百分之九十八，這次流行只局限於這類教民之中。

破傷風也一樣，蘇聯解體期間，社會動盪，疫苗供應不足，免疫接種工作受到影響，很快就出現五萬例破傷風。

一些地區，比如非洲，疫苗接種率沒有達到一定的水準，所以能夠被疫苗預防的傳染病的流行依然很嚴重。這就足以告誡我們，疫苗雖然不是萬能的，但確實是人類不可缺少的生化武器。

病毒學發展起來之後，病毒不斷地被發現，但也不過幾千種，和幾乎數不清的細菌的種類相比要差得遠。新的病毒還在不斷地被發現，越來越多的疾病也被發現和病毒感染有關，但大多數這種病毒和疾病的相關性類似於腫瘤的情況，屬於不平衡導致的。在正常情況下病毒的存在起碼是無害的，只有在異常的情況下才會致病。

病毒病依然是對現代醫學的嚴峻考驗，或者說病毒學還沒有出現自己的黃金時代，在一定程度上還在探索之中，其主要原因是病毒的高度變異性。病毒是一種很古老的生物，因此是很低級的生物，其特點之一就是基因的不穩定性，在複製的過程中很容易出現錯誤。正是這種不穩定性成為某些病毒在宿主中生存最有力的武器，人類的免疫系統對此一籌莫展。剛剛把病毒的形象列入另冊，病毒已經變異了，不是原來那個形象了，鑽了免疫防疫的漏洞，流感病毒疫苗和愛滋病病毒疫苗就是因為這個原因而遲遲不能問世。

這些成為高傳染源的病毒都不是和人類一起進化的病毒，和成為高傳染源的細菌一樣，都是外來的，也同樣來自動物。愛滋病病毒是從動物病毒變異成人類病毒的，流感病毒則在人類病毒和動物病毒之間不斷地雜交。對付病毒病的一大難處就在於它們的動物宿主，例如對付禽流感，是不可能給全球每一隻野鳥都接種禽流感疫苗的，因此就沒有徹底控制的可能。

愛滋病、SARS、禽流感與豬流感，都是動物病毒進入人體所引起的高傳染性疾病，隨著地球生存環境的不斷惡化，人類被動物病毒入侵的情況還會繼續發生，新的病毒性傳染病也會繼續出現，人類和病毒之間的戰爭也許剛剛開始。

預防感染新型冠狀病毒小貼士

編按：二〇一九年年底，中國湖北省出現了因不知名病毒引發的若干肺炎病例；二〇二〇年一月，人們確認這是一種新的冠狀病毒；其後，世界衛生組織將它命名為 COVID-19。這種病毒導致了不少死亡個案，其快速擴散一度引起一些地方的民眾恐慌。本書特別收錄預防感染新型冠狀病毒的小貼士，供各位讀者參考。

一、如何預防新型冠狀病毒感染肺炎？

預防新型冠狀病毒感染肺炎，應採取以下措施：

1. 避免去疫情高發區。
2. 避免到人流密集的場所。避免到封閉、空氣不流通的公共場所和人多聚集的地方，特別是兒童、老年人及免疫力低下人群。外出要佩戴口罩。
3. 加強開窗通風。居家每天都應該開窗通風一段時間，加強空氣流通，以有效預防呼吸道傳染病。

4. 注意個人衞生。勤洗手，用洗手液或肥皂和清水搓洗二十秒以上。打噴嚏或咳嗽時注意用紙巾或手臂遮蓋口鼻，不宜直接用雙手遮蓋口鼻。

5. 及時觀察就醫。如果出現發燒（特別是高燒不退）、咳嗽氣促等呼吸道感染症狀，應佩戴口罩及時就醫。

二、近期去過疫情高發區，回到居住地後要注意甚麼？

如果近期去過疫情高發區武漢等地，回到居住地後要特別留意自己及周圍的人的身體狀況，並盡量避免前往公共場所與人群密集處。如出現發燒、乏力、乾咳、肌肉痠痛、氣促等症狀，應正確佩戴一次性醫用口罩立即就醫，就醫時應主動告知醫生自己的武漢旅行史和接觸史。

三、咳嗽和打噴嚏時要注意甚麼？

咳嗽和打噴嚏時，含有病毒的飛沫可散佈到大約六至八米範圍內的空氣中，周圍的人可因吸入這些飛沫而被感染。因此要注意：

1. 打噴嚏和咳嗽時應用紙巾或手臂（而不是雙手）遮掩口鼻。
2. 把打噴嚏和咳嗽時用過的紙巾放入有蓋的垃圾桶內。

3. 打噴嚏和咳嗽後最好用洗手液或肥皂徹底清洗雙手。

四、針對新型冠狀病毒感染肺炎，該如何進行消毒？

新型冠狀病毒怕熱，在五十六攝氏度條件下，十五分鐘就能殺滅病毒；含氯消毒劑、酒精、碘類、過氧化物類等多種消毒劑也可殺滅該病毒。皮膚消毒可選用百分之七十五的酒精等；居家環境消毒可選用含氯消毒劑（如漂白水或其他含氯消毒粉／水溶片）配製成有效氯濃度為二百五十至五百 mg/L 的溶液擦拭或浸泡消毒。耐熱物品可採用煮沸十五分鐘的方法進行消毒。

五、怎樣選擇口罩？

戴口罩是阻斷呼吸道分泌物傳播的有效手段。目前市面上能看到的口罩主要有醫用防護口罩（例如 N95 口罩）、醫用外科口罩和普通級別的一次性使用醫用口罩。此外，市場上還有各種明星時常佩戴的棉布口罩、海綿口罩等。市民日常防護選擇醫用外科口罩就好。N95 口罩的防病效果更好，但透氣性差，呼吸阻力較大，不適合長時間佩戴。

六、怎樣正確戴口罩？

戴口罩時，要將摺面完全展開，將嘴、鼻、下頜完全包住，然後壓緊鼻夾，使口罩與面部完全貼合。戴口罩前應洗手，或者在戴口罩過程中避免以手接觸到口罩內面，以降低口罩被污染的可能。要分清楚口罩的內外、上下，淺色面為內面，內面應該貼著口、鼻，深色面朝外；有金屬條（鼻夾）一端是口罩的上方。口罩要定期更換，不可內外面反轉戴，更不能兩面輪流戴。

七、怎樣洗手才有效？

在餐前、如廁後、外出回家、接觸垃圾、撫摸動物後，要記得洗手。洗手時，要注意用流動水和使用洗手液或肥皂洗，揉搓的時間不少於二十秒。為了方便記憶，揉搓步驟可簡單歸納為七字口訣：內—外—夾—弓—大—立—腕。

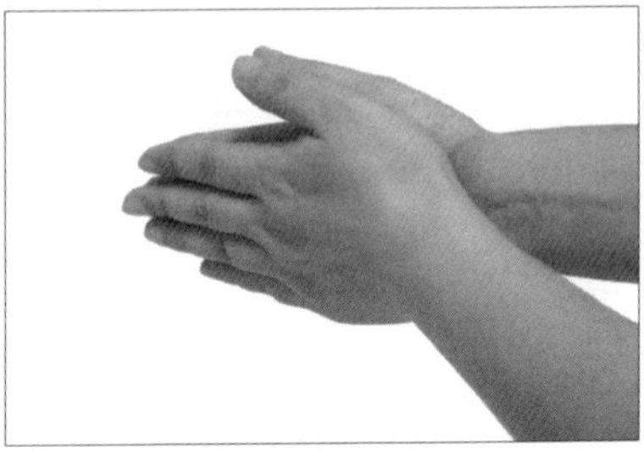

1 內：掌心對掌心，相互揉搓。

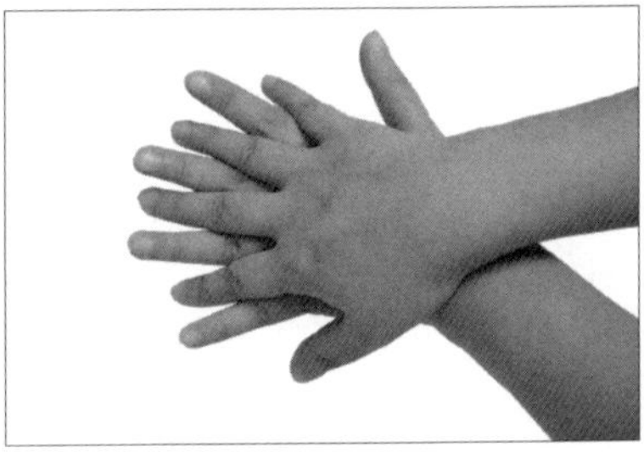

2 外：掌心對手背，兩手交叉揉搓。

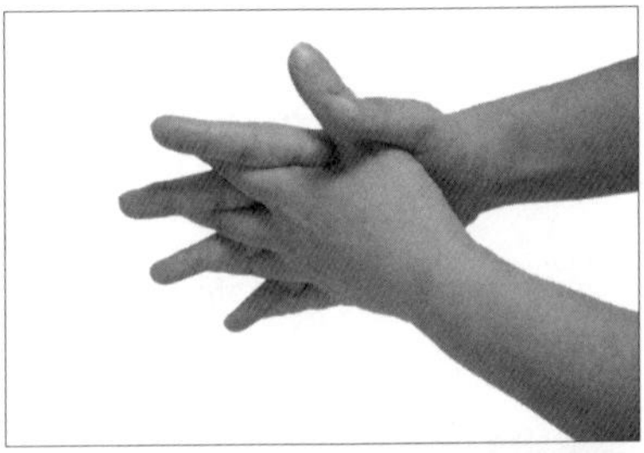

3 夾：掌心對掌心，十指交叉揉搓。

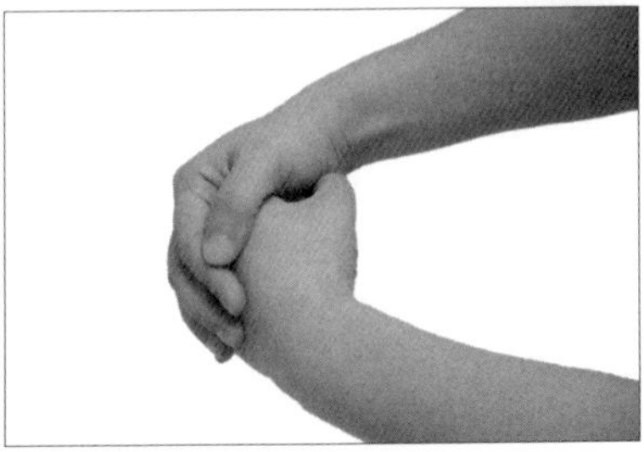

4 弓：十指彎曲緊扣，轉動揉搓。

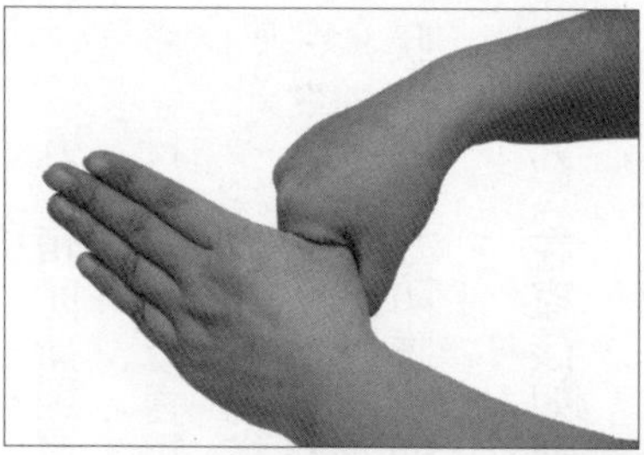

5 大：拇指握在掌心，轉動揉搓。

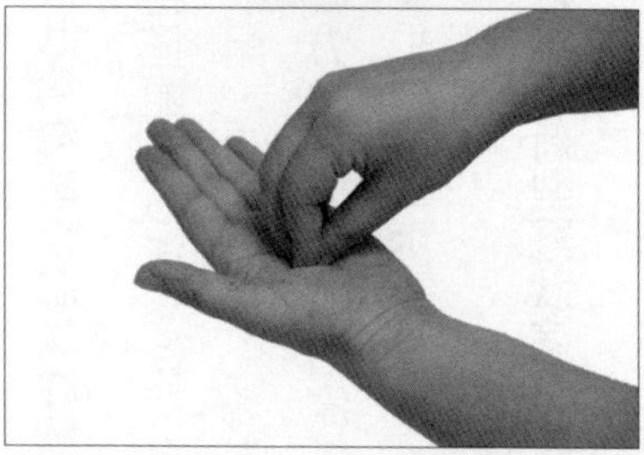

6 立：指尖在掌心揉搓。

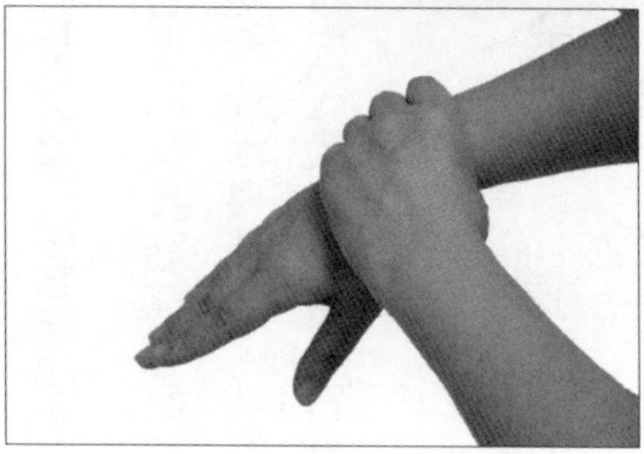

7 腕：清潔手腕。

八、預防新型冠狀病毒感染肺炎在飲食方面要注意甚麼？

日常飲食及食物搭配，應注意保持合理的飲食結構，保障均衡營養。注意食物的多樣性，粗細搭配、葷素適當，多吃新鮮水果蔬菜，補充維他命與纖維素，多飲水。不要聽信偏方和食療可以治療新型冠狀病毒感染的說法。如發現可疑症狀，應做好防護，盡早向醫生求診。

九、在家該如何預防新型冠狀病毒感染肺炎？

確保室內空氣流通。每星期最少徹底清潔家居環境一次。當物品表面或地面被呼吸道分泌物、嘔吐物或排泄物污染時，應先用吸水力強的即棄抹布清除可見的污垢，然後再用適當的消毒劑清潔消毒受污染處及其附近地方。

十、出門在外應如何預防新型冠狀病毒感染肺炎？

首先要確保自己的身體是健康的，如近期有發燒、咳嗽等身體不適症狀，應暫緩出行，先前往醫院就診。其次出行應當盡量避開疫情高發區，如武漢。若前往其他地區，也要注意做好個人防護措施，如正確佩戴一次性醫用外科口罩，打噴嚏或咳嗽時注意用紙巾或屈曲手臂掩住口鼻，避免用手在接觸公共物品或設施之後直接接觸面部或眼睛，有條件時要用流水和洗手液或肥皂洗手，或用免洗消毒液清潔雙手。

十一、老年人、兒童等體弱人士有哪些防護措施？

老年人是新型冠狀病毒的容易受感染人士，在疫情流行期間，應該做到避免出入人流密集的公共場所，減少不必要的社交活動，出行應佩戴口罩、勤洗手，加強居家環境的清潔和消毒，保持室內空氣流通。兒童病例雖然不多，但仍是非常需要保護的重點人群，在勤洗手、少出行、戴口罩、多通風的同時，還應該叮囑親戚朋友避免對兒童，尤其是嬰幼兒的近距離接觸，比如親吻、逗樂等。

十二、參加朋友聚餐要注意採取哪些防護措施？

如果有發燒、咳嗽、喉嚨痛等不適症狀，不應參加聚餐。在疾病流行季節，要減少聚餐的次數，降低患病風險。如果一定要參加，請佩戴口罩，以減少病毒傳播。聚會或聚餐時，盡量選擇通風良好的場所。

十三、去人群聚集場所要注意採取哪些防護措施？

應盡量避免去人群密集的公共場所，以減少與患病人群接觸的機會。如必須前往公共場所，要佩戴口罩以降低接觸病原體的風險，前提是選擇正確的口罩並正確佩戴。同時應盡量避免去疾病流行地區，以降低感染風險。

資料來源：《新型冠狀病毒感染防護》，廣東科技出版社二〇二〇年一月版。本文內容經廣東科技出版社授權使用。

致謝：萬里機構出版有限公司為本文內容出版提供協助，謹此致謝。

書　　名　對決細菌、病毒
著　　者　王哲
出　　版　三聯書店（香港）有限公司
香港北角英皇道 499 號北角工業大廈 20 樓
Joint Publishing (H.K.) Co., Ltd.
20/F., North Point Industrial Building,
499 King's Road, North Point, Hong Kong
香港發行　香港聯合書刊物流有限公司
香港新界大埔汀麗路 36 號 3 字樓
印　　刷　美雅印刷製本有限公司
香港九龍觀塘榮業街 6 號 4 樓 A 室
版　　次　2020 年 3 月香港第一版第一次印刷
規　　格　特 16 開（150 × 210 mm）288 面
國際書號　ISBN 978-962-04-4399-2

Published & Printed in Hong Kong

本書由知書房出版社授權出版發行